EL MILAGRO DE LOS 33

La Odisea de los Mineros Chilenos que emocionó a todo el Planeta

www.alexmarvel.com

EL MILAGRO DE LOS 33

ALEX MARVEL

ALEX MARVEL COMPANY

SANTIAGO CHILE

ISBN-978-956-8825-02-7
El Milagro de los 33
Alex Marvel
www.alexmarvel.com

Portada
Diseño y concepto:
Sergio Maldonado
(56-2) 9.293 8473 Chile
www.jetroart.cl

ALEX MARVEL COMPANY

EL MILAGRO DE LOS 33

En las adversidades sale a la luz la virtud.

Aristóteles

Introducción

Hay algunas cosas maravillosas y liberadoras que te hacen sentir que la vida es bella y valiosa. Cuando eres espectador en primera fila, gracias a la tecnología, de uno de los sucesos más extraordinarios que la humanidad haya conocido y que te enseñan a ver la vida a través de los ojos de la fe.

Hay algo hermoso en los seres humanos que responden a la idea que la vida humana es sagrada, es casi un sentimiento instintivo de que es así.

Por eso que el nacimiento de un hijo es algo tan maravilloso y digno de una celebración, mientras que la muerte de un niño es una desdicha desgarradora, y no sólo una estadística, de ahí que tenga sentido ver a todo un país unido, sin distingos políticos, económicos ni sociales, y no escatimando en gastos ni tiempo para rescatar a 33 mineros atrapados a 700 metros de profundidad en una Mina en el norte de Chile.

Que felicidad sentimos todos cuando nos enteramos que los 33 estaban vivos y más aún cuando después de un largo y minucioso proceso de rescate finalmente vimos por TV, cual transmisión del hombre llegando a la luna, como esos hombres emergían de las profundidades de la tierra para darnos cuenta de uno de los milagros más sorprendentes de la historia humana, **"El Milagro de los 33"**

En este libro analizaremos la cronología de los sucesos que marcaron esta odisea y que nos resulta tremendamente provechoso cuando hacemos un paralelo con la vida misma, mi vida y la tuya.

A través de este espectacular rescate que sacó de la oscuridad a la luz, del encierro a la libertad a estos 33 mineros, también rescataremos claves y secretos, lecciones de vida, para llevarnos de un estado a otro. Debemos reconocer, que en el proceso de la vida nos encontramos con muchas variantes, que se asemejan al milagro de los 33:

1.- En la vida siempre hay obstáculos imprevistos.

Los problemas simplemente llegan, no se agendan ni se programan, vas caminando por el túnel de la vida y de pronto un derrumbe inesperado te deja atrapado sin salida

2.- No estamos solos.

El ser humano, es por naturaleza un ser social, siempre habrá alguien que nos acompañe y ayude a salir adelante

3.- Sobrevivencia.

Se puede!!! Está demostrado que el hombre fue creado para resistir ambientes hostiles, los problemas nos entrenan para el éxito.

4.- Donde hoy estás no determina tu futuro

Tu futuro no es estar atrapado en el problema, ni detrás del derrumbe. Tu futuro es la libertad y la vida!!!

Este libro es una inspiración para la vida, por eso te invito a mirarla con fe, optimismo y ganas, porque es maravilloso vivir, porque no es necesario estar atrapado a 700 metros de profundidad para darse cuenta que la vida es bella y valiosa.

Te invito a vivir!!!

DÍA 1

05 DE AGOSTO DE 2010

Lo impredecible de la vida

Día 1

Jueves 05 de Agosto de 2010

Treinta y tres hombres iniciaron su día como cualquier otro, nada hacía presagiar que estaban a punto de vivir una de las odiseas más espectaculares y dramáticas de la historia humana.

Suena el celular. Pero no es una llamada. Es el despertador de Mario Gómez. Él lo escucha todos los días a las seis de la mañana. Así que, semidormido, le pide a Lilian Ramírez, su mujer, que prenda la luz. Ella la enciende. Pero todavía sintiendo la tibieza de la cama al despertar le pide a su marido que no vaya a trabajar. Que mejor cambie el turno y dediquen el día para iniciar los trámites de su jubilación, que ya han postergado demasiado.

Esta vez, al ver la cara de su mujer, duda si ir a trabajar o no. Pero después de unos minutos se levanta y parte.

Angélica Ancalepi está contenta. Le tiene una sorpresa a su esposo, Osman Araya. Hoy ella se levantó temprano, hizo arroz y frió una hamburguesa para que él tuviera una comida que le gustara en el largo turno de la mina.

Osman, de 30 años, lleva sólo cuatro meses en la mina San José, porque antes era colectivero en el pueblo de Lautaro. A él no le gusta este trabajo, pero lo aceptó por necesidad.

Todavía no son las 8 de la mañana. En la plazoleta Juan Pablo II, de

Copiapó, pasa el bus que lleva al yacimiento. Así que Claudio Yáñez, de 33 años, da un fuerte silbido para alcanzarlo. Dejó en casa a su mujer, Cristina. Y a sus dos hijas, Arlenne, de 8 años, y Madeleine, de nueve meses.

Claudio y Cristina llevan diez años juntos y hace tiempo que quieren casarse por la Iglesia. Antes de partir, ella siempre le dice: "Negro, ten cuidado en esa mina". "Tranquila, negra, si yo sé dónde hay que pisar", le responde él.

Después de recorrer 50 minutos sobre un camino de tierra rodeado de áridos cerros, decenas de mineros llegan a la faena. El turno va a comenzar. Así es que hay que marcar tarjeta a las 9 de la mañana. En la entrada, junto a la barrera de fierro, una garita contiene un tablero con decenas de nombres escritos a lápiz pasta.

Al fin viene la hora de la colación. Es un momento de relajo. Son las 13:30 del jueves 5 de agosto y las labores se han interrumpido en la mina San José.

Es un jueves con polvo y roca de día normal hasta que a las 13:40 horas un estruendo hace sentir un fuerte remezón. Están a 700 metros de profundidad y sienten como si todo el cerro se viniera encima. Se tambalean con el movimiento sobre sus zapatos de seguridad. Toda la galería de roca se llena de polvo. Se corta la energía. Hay total oscuridad. Los mineros desorientados intentan encender las linternas de sus cascos. Cinco horas permanece esa nebulosa en la que incluso cuesta caminar.

No entienden nada, están en medio de un caos impredecible, sorpresivo, nunca lo agendaron, simplemente... sucedió.

Sin saberlo, se iniciaba uno de los eventos mas espectaculares que la humanidad haya conocido, un derrumbe en el interior de la pequeña mina de cobre y oro San José, en el extremo norte de Chile y con ello una cronología de 69 días que pondría a todo un planeta de pie.

EN LA SUPERFICIE

Sólo por la noche de ese primer día se informa de la gravedad del accidente y se conoce que 33 mineros están atrapados a unos 700 metros de profundidad sin posibilidad de saber en qué condiciones.

Hasta ese momento, Bomberos de la zona de Copiapó, Caldera, Chañaral y Diego de Almagro habían llegado hasta el lugar para iniciar la búsqueda y el posible rescate de los afectados.

Las informaciones preliminares daban cuenta que se desconocía el estado de salud de los mineros y también las causas que derivaron en el accidente.

Al acceso principal de la mina también llegaron familiares de los trabajadores atrapados, que se quejaron por la falta de información entregada por la empresa, ya que la emergencia se hizo pública cuatro horas después de ocurrida. También apuntaron a las precarias condiciones de trabajo que tienen sus familiares.

"Siempre hay derrumbes. Es una mina muy peligrosa. Todos los años hay muertos, porque la mina tiene muchas grietas",

Aseguró Lilian Ramírez, esposa de Mario Gómez, uno de los atrapados.

Abajo, entre el polvo y la oscuridad hay dos mineros que son hermanos, Florencio (31) y Renán Ávalos Silva (29). Y cuatro que son primos: Esteban Rojas Carrizo (44), Pablo Rojas Villacorta (45), Ariel Ticona Yáñez (29) y Víctor Segovia Rojas (47).

Dos que son amigos desde niños, que son vecinos y que entraron a la mina el mismo día: Pedro Cortés (25) y Carlos Bugueño Alfaro (26).

El mayor del grupo es Mario Gómez, con 63 años, y como nunca tuvo hijos hombres le tiene gran estima al más joven, Jimmy Sánchez, que apenas cuenta 19 años.

También está el ex futbolista que alguna vez jugó con Iván Zamorano en Cobresal, Franklin Lobos (53), quien es el encargado diariamente de ir a buscar a los mineros y trasladarlos a la superficie.

El aire todavía es espeso. Los mineros quieren escapar y van en busca de uno de los ductos de ventilación del yacimiento. Pero, aunque la ley lo exige, cuando llegan al ducto no hay ninguna escalera. Era la única opción de salir.

De todos modos, dos de los más jóvenes, desesperados por escapar, se aventuran a escalar la roca con las manos húmedas para llegar al ducto. Aunque logran avanzar unos metros, no lo alcanzan.

DÍA 2

06 DE AGOSTO DE 2010

Primeras reacciones

Día 2

Viernes 06 de Agosto de 2010

La noticia empieza a correr con rapidez, equipos de rescate llegan al punto del derrumbe, a 400 metros de profundidad (era lo que se pensaba hasta ese momento), mientras otros intentan contactar con los mineros por una chimenea de ventilación, pero al día siguiente desechan esa opción por problemas de seguridad y bloqueo del conducto por el que se había planeado descender al refugio.

Por otra parte, la ausencia de comunicación y la gran cantidad de rocas dificultaban las labores de rescate que llevaron a cabo las 130 personas que intentaban dar con los mineros atrapados.

De hecho, los propios rescatistas tuvieron inconvenientes para comunicarse con las autoridades en otras zonas de la región, debido a lo aislado del yacimiento. Sólo lo lograron realizar a través de teléfonos satelitales.

Desde este día el gobierno toma parte en la tragedia. La ministra secretaria general de Gobierno (Segegob), Ena von Baer, informaba que el Gobierno está haciendo "todo" lo que está a su alcance para rescatar a los mineros accidentados.

La vocera de Palacio evitó referirse a las críticas contra la minera "San Esteban", por la tardanza de cuatro a cinco horas que tuvo para reportar a las autoridades. "En este momento estamos concentrados en lo que realmente importa que es ir en ayuda de quienes están viviendo esta situación y apoyar a los familiares que están muy angustiados".

UNA NOTICIA QUE AGREGA DRAMATISMO

Rodeada de familiares de los trabajadores atrapados y de rescatistas que trabajaban en la mina "San José", la ministra del Trabajo, Camila Merino, aseguró que los trabajadores podrían sobrevivir hasta 72 horas más, en caso que hayan encontrado refugio en una zona segura.

"La información que tenemos es que hay oxígeno y comida (...). Hay ventilación y eso es positivo. Hay suficiente espacio y esperamos que la gente esté ahí"

dijo la autoridad.

Lo anterior cobraba relevancia, después que en la mañana trascendiera que el refugio acondicionado para casos de emergencia sólo era para 10 personas, lo que complicaba la subsistencia de los 33 obreros.

"Recen ustedes, los que sean creyentes, para que después de ese punto no tengamos más problemas y podamos llegar hasta el nivel donde podrían estar los trabajadores",

Decía la ministra del Trabajo, Camila Merino, a las familias que esperaban información.

"Estamos muy angustiados, nadie avisa nada. Las mujeres se desmayan y ellos (los mineros) no están ni con ropa ni seguridad adecuadas"

Afirmaba Johnny Yáñez, hermano de uno de los afectados.

Para acompañar a las familias, el obispo de Copiapó, monseñor Gaspar Quintana, llegó hasta el acceso de la mina, a 45 kilómetros de la capital regional. Ahí compartió con familiares y en la tarde realizó una misa para orar por los operarios.

Mientras aguardaban la información, cada uno imaginaba cómo estaban sus seres queridos.

"Los mineros antiguos están protegiendo a los más jóvenes, y creemos que los van a sacar con vida",

Decía Claudio Segovia, hermano de uno de los mineros.

"Yo creo que hay circulación de aire, y por eso lo más probable es que estén vivos y los van a rescatar sanos y salvos",

Aseguraba Pedro Segovia, quien fue minero en ese lugar y calmaba en algo con su relato la angustiosa espera.

Por su parte, el municipio de Copiapó habilitó un campamento para que los familiares pasaran la noche.

Abajo, los mineros atrapados seguían intentando infructuosamente escalando la roca con las manos húmedas para llegar al ducto, quedando con magulladuras.

ENTRA EN ESCENA GOLBORNE

En el día 2, el Ministro de Minería de Chile, Laurence Golborne suspende una visita a Ecuador y regresa a Chile para encabezar las labores de rescate encomendado por el Presidente Sebastián Piñera.

Inmediatamente se traslada a la mina, ubicada a 800 kilómetros de Santiago, la capital de Chile.

DÍA 3

07 DE AGOSTO DE 2010

Revelador llanto

Día 3

Sábado 07 de Agosto de 2010

En las entrañas de la tierra, los mineros permanecen juntos y tienen calor. Hay por lo menos 30 grados (86° F) y la humedad no deja respirar. El espacio que tienen para moverse es de unos dos kilómetros en total.

Pero se agrupan en una galería cercana al taller y al refugio de la mina. El refugio no es otra cosa que una bóveda de 10 metros de largo por cuatro de ancho (33 pies por 13). Van a revisar la zona del derrumbe, pero es inestable. Optan por no acercarse más.

Desde un principio deducen que deben estar trabajando para rescatarlos, lo que no sabían era que arriba había una gran frustración por nuevo derrumbe.

En la superficie, con heridas leves y llorando tras haber estado a sólo 100 metros (328 pies) lineales de los 33 mineros atrapados en el pique San José salieron el tercer día los nueve integrantes del grupo de avanzada de rescatistas que descendieron 70 metros por un ducto de ventilación. El evento principal fue cuando se produjo un desprendimiento de talud en el nivel 268. Hoy hubo otro desprendimiento que tapó todo el conducto de ventilación por donde descendieron. No había acceso y era imposible predecir qué habría más abajo.

Pensar en construir otro acceso, tomaría meses.

EL REVELADOR LLANTO DEL MINISTRO

Este fue el primer gran traspié en el rescate de los mineros, dos días después del accidente, es en ese instante cuando el ministro de Minería, Laurence Golborne, notoriamente afectado por la situación, le avisó a las familias que se habían suspendido las labores debido a un nuevo derrumbe que bloqueó la chimenea de ventilación, por donde los rescatistas intentaban ingresar.

Luego de que el ministro se quebrara, uno de los familiares le pidió un favor: "La fortaleza tiene que tenerla usted, tiene que darnos la esperanza".

Todo esto fue informado al Presidente de la República quien tomó la decisión de volver desde Colombia, al enterarse de los nulos avances en las labores de rescate.

"Vamos a hacer lo humanamente posible por sacarlos. Que Dios nos ayude",

Dijo el Presidente Sebastián Piñera a familiares de los trabajadores atrapados en la mina San José tras interrumpir abruptamente su visita a Colombia, en donde participaría en el cambio de mando presidencial, sin embargo resolvió volar directo a la región de Atacama y se trasladó a la mina San José.

Allí, el Presidente Piñera se reunió con 10 familiares, a quienes explicó que se trabajará hasta poder ubicar a los mineros.

Las noticias no eran nada de alentadoras, pues los últimos rescates de mineros no habían tardado más de 48 horas.

"Básicamente se trata de sacar a los afectados a la superficie lo más rápido posible. Para ello se colocan en camillas especiales para el rescate de manera vertical y se les abriga para combatir los signos de hipotermia y dependiendo de las condiciones, se les hidrata o administra oxígeno para una mejor respiración", añadió.

Humberto Espejo, Comandante del Cuerpo de Bomberos de Copiapó.

En marzo de 2005, el derrumbe de un túnel del yacimiento Cerro Bayo, en la Región de Aysén, mató a un minero y otro quedó con heridas graves. El operativo se extendió por seis horas y la producción se reanudó al día siguiente.

En mayo del mismo año, dos trabajadores contratistas de la división El Teniente de Codelco fallecieron luego de un derrumbe de rocas en la mina Esmeralda, en la Sexta Región. En menos de cinco horas se recuperaron los cuerpos.

También ha habido excepciones. En 2006, dos pirquineros permanecieron atrapados 34 horas en la mina "La Leona 2", en Putaendo, Región de Valparaíso. Ambos mineros fueron rescatados con vida luego de un derrumbe que removió más de seis toneladas de roca, tierra y minerales.

GOBIERNO SE ORGANIZA

Por más de tres horas se realizó en ese día una reunión interministerial en el Palacio de La Moneda, ocasión en la que se asignaron "tareas" para los próximos días tendientes a rescatar a los 33 mineros atrapados desde el jueves y apoyar a sus familiares.

Así lo comunicó la ministra secretaria Genereal de Gobierno, Ena von Baer, quien detalló cada una de las labores que deberán realizar las autoridades.

A la intendenta de Atacama, Ximena Matas, se le pidió que siga con el trabajo de apoyo a las familias; a la ministra del Trabajo, Camila Merino, que se preocupe de la situación laboral del resto de los mineros que trabajan en la mina y al titular de Minería, Laurence Golborne, que se mantenga en el lugar hasta ver cómo evoluciona la situación.

Adicionalmente, un comité técnico con los mejores especialistas a nivel nacional está a cargo del rescate, con el objeto de definir qué estrategias de rescate se seguirán.

El ministro de Minería, Laurence Golborne, dijo que la instalación de sondas podría tardar más de una semana, luego que fracasara el primer intento de ingresar hasta donde se encontrarían los trabajadores.

La tarea, iniciada con nueva maquinaria pretendía establecer un nexo con los obreros que permita comunicarse y entregarles oxígeno, alimentación y agua, vital para su supervivencia.

DÍA 4

08 DE AGOSTO DE 2010

Supervivencia

Día 4

Domingo 08 de Agosto de 2010

Los 33 mineros asumiendo la gravedad del episodio, se organizan para la supervivencia. El jefe de turno, Luis Urzúa (54), quien es topógrafo y tiene cursos de rescatista, sigue siendo el líder, pero hacen "asamblea" a diario para ponerse de acuerdo en las medidas que tomarán.

Lo primero es la comida. El primer día compartieron "la choca" (comida diaria) que cada uno llevaba. Pero lo siguiente es racionar el alimento. Revisan el refugio. Ahí hay tarros de atún, leche y algunas conservas.

Conscientes de que ésta es una emergencia y grave, acuerdan comer dos cucharadas de atún, medio vasito de leche y media galleta cada 48 horas. Nadie puede salirse de esa norma. Todos acatan. No saben cuánto puede tardar el rescate.

EN LA SUPERFICIE UN GOLPE ANÍMICO

Luego de que el derrumbe en el túnel de ventilación obligara a suspender las labores de rescate en la mina San José, la mañana del cuarto día comenzó a llegar a la zona nueva maquinaria especializada en realizar perforaciones.

La maquinaria, que fue trasladada en grandes camiones, se emplazó en el sector y su función fue instalar seis sondas que permitirían ingresar oxígeno, alimentos y agua a los 33 mineros atrapados y, eventualmente, permitir comunicarse con ellos.

Luego de que durante la noche reinara la desazón entre los familiares de los mineros, la esperanza volvió a surgir con esta noticia y al ver las nuevas e imponentes máquinas que llegaron hasta la mina San José para iniciar la nueva estrategia de rescate.

Desde entonces, el ánimo volvió a apoderarse de las familias.

Por su parte, el Ministro de Salud, Jaime Mañalich, dijo que si ninguno de los mineros se encuentra herido de gravedad, deberían estar bien si cuentan con agua y con oxígeno como se pensaba que era el caso.

El Presidente Sebastián Piñera, informó a través de su twitter que en la mina ya hay cuatro de estos aparatos y otros tres van en camino.

Además, se iniciaron otras labores en paralelo, entre las que se encuentra la construcción de un túnel que permitiría acceder a la zona de refugio en algunas semanas.

Todas las decisiones fueron adoptadas la noche anterior por Piñera,

DÍA DE CONTRASTES

Este cuarto día estuvo marcado por los contrastes, ya que los familiares de los 33 mineros, pasaron de la esperanza, tras presenciar la reactivación de los operativos con la llegada de nuevos equipos de sondaje, a la preocupación y el llanto, luego de que el ministro Golborne, les informara los plazos estimados para establecer contacto con los trabajadores atrapados. Les dijo que "La faena de sondaje para llegar a la zona en donde están los mineros puede demorar siete días".

La incertidumbre aumentó entre los familiares cuando el ministro añadió que la excavación de un chiflón o galería por el que se podría trasladar a los mineros puede tardar un mes.

Golborne explicó que la idea era llegar lo más rápido posible a la zona de seguridad, que tiene 54 metros cuadrados.

Once profesionales de empresas mineras trabajan en los cálculos para detectar cualquier falla en las rocas que podría desviar los taladros en el terreno.

Las máquinas más rápidas avanzarían 100 metros diarios. Para ello se usaron perforadoras, que alcanzan hasta mil metros, facilitadas por mineras de Antofagasta y la División Andina de Codelco.

Paralelamente, geólogos e ingenieros en minas intentaban establecer el mejor punto para iniciar la excavación de un chiflón o galería por donde se rescataría a los mineros.

El túnel tendría una extensión de 500 metros y un diámetro de 4 metros. Golborne también explicó que es imposible seguir trabajando en el ducto de ventilación debido a los desprendimientos. "Mientras no se estabilice no podemos trabajar adentro. Ingresaron dos camionetas y debieron arrancar por un derrumbe en el nivel 500. La esperanza está en que con los sondajes logremos llegar a ellos para alimentarlos", dijo.

Miguel Fort, ingeniero en minas encargado de los sondajes, explicó que "creo que vamos a achicar los plazos que dio el ministro". Añadió que recién a los ocho o diez metros excavados se podrá conocer la dureza real de la piedra, "pues a ese nivel está estabilizada".

LAS PROBABILIDADES DISMINUYEN

Esta declaración hecha por el ministro de Salud remeció el corazón de los familiares:

"Hay que ser honestos. A medida que el tiempo pasa las probabilidades de encontrar con vida a los mineros disminuyen progresivamente".

Momentos de desesperación y tristeza unidos a las adversas condiciones que revelaron los rescatistas iban mermando las esperanzas.

Al interior del túnel que utilizaron los rescatistas para ingresar a la mina predominaba una temperatura que supera los 33 grados (91.4° F), con niveles de humedad que se acercaban al 100%.

A esto se sumaba el constante riesgo de derrumbes, a causa de las fracturas que saturan las paredes internas del yacimiento. Y como si fuera poco, el aire, producto de los colapsos y el levantamiento de material particulado, se había tornado escaso.

También se desconocía si el refugio donde supuestamente se encontraban los mineros contaba con aire limpio y suficiente para 33 personas.

De hecho, las propias labores de rescate no estaban exenta de peligros y las circunstancias en las que se intentó realizar el rescate fueron muy desfavorables.

Con todo eso, los familiares solidarizaron con los suyos, y aunque la mayoría ni siquiera conocía Copiapó se movilizaron de distintos puntos del país para llegar a la mina.

En muchos casos dejaron abandonadas sus casas y hasta sus trabajos para esperar en terreno el desenlace del rescate.

"Tengo la esperanza de que puedan llegar con las sondas y lo encuentren vivo. Sería increíble poder reencontrarme con él de esta forma", dijo Darío Segovia, cuyo progenitor de 48 años se encontraba atrapado. Mientras que su hermano, Cristián agrega: "Mi papá es viejo y tiene experiencia en las minas. Espero que se pueda convertir en un cabecilla y ayudar a todos los mineros más jóvenes que están adentro".

Claudio Sepúlveda viajó Desde Chiloé, un día entero por tierra para conocer la suerte de su hermano Mario. "Me enteré el viernes de que mi hermano estaba atrapado en una mina, y sin pensarlo, dejé botado mi trabajo y me subí al primer bus que encontré. Sin conocer Copiapó, llegué a la Plaza de Armas y empecé a preguntar en la calle cómo podía llegar a la mina, hasta que desde la municipalidad me llevaron", cuenta.

La Municipalidad de Rancagua auspició los pasajes de Ruth Guzmán y sus cuatro hijos, quienes llegaron hasta Copiapó para saber qué pasaba con su esposo. Samuel Ávalos de 43 años, ya que alcanzó a contarle, poco antes del accidente que "las medidas de seguridad en el interior de la mina eran muy básicas: unos simples bototos, un casco y un overol". Y que para que se alimentaran abajo, les pasaban una bebida o un jugo y dos paquetes de galletas.

El refugio, donde se espera que estén los 33 mineros, es un espacio para unas 15 personas donde tenían alimentación y agua para dos días, pero nada más, y oxígeno".

Toda esta incertidumbre y angustia, unió a las familias, que rezaban en grupos, de acuerdo a sus convicciones religiosas, pidiendo un milagro. "Mi papá es viejo y tiene experiencia en minas, espero que se pueda convertir en un cabecilla y ayudar a todos los mineros más jóvenes". decía Cristian Segovia, hijo de uno de los mineros. "Me enteré el viernes de que estaba atrapado en una mina, y sin pensarlo, dejé botado mi trabajo y me subí al primer bus que encontré". aseguraba Claudio Sepúlveda, hermano de un minero.

ENTRA EN ESCENA ANDRÉS SOUGARRET

El derrumbe del sábado terminó abruptamente con la esperanza de un rápido rescate de los mineros atrapados en la mina San José. El inesperado escenario dejó en blanco al equipo que lideraba el ministro de Minería, Laurence Golborne. Tras varias reuniones, el secretario de Estado telefoneó al presidente de Codelco para pedirle a su mejor hombre. Éste no dudó, y le propuso al ingeniero en minas Andrés Sugarret, quien se desempeña como gerente de la mina El Teniente, en la Sexta Región de Chile. El profesional aceptó de inmediato la misión de rescate.

Eso sí, solicitó a 20 de sus ingenieros mecánicos para asegurar que sus órdenes se ejecutaran sin contratiempos.

"El diagnóstico es positivo, porque pensé que me iba a encontrar con un panorama peor, y así podremos realizar labores de minería pasado el nivel de 350 metros, y eso es favorable, ganamos tiempo. De todas formas, la situación "sigue siendo de extremo cuidado"

Relató Andrés Sougarret

DÍA 5

09 DE AGOSTO DE 2010

Un país de pie

Día 5

Lunes 09 de Agosto de 2010

Este día se inició desde la madrugada sintiendo el intenso frío que se registraba cada noche.

Las Familias de los 33 mineros atrapados soportaban temperaturas de hasta -2 °C (28.4 °F) en extenuantes vigilias, pero que en ningún caso lograban afectar el espíritu de quienes esperaban un feliz desenlace.

A estas alturas, ya eran cerca de 200 familiares de los trabajadores atrapados que acompañaban las extensas jornadas de trabajo de los rescatistas.

Abrigados junto a una fogata o rezando, las esperanzas de encontrarlos con vida no decaen.

Bajo tierra, en el espacio donde se encuentran los mineros hay algunas camillas y ahí se tienden. Pero la mayoría no tiene dónde dormir, por lo que acomodan cartones en el suelo. Otros duermen en el refugio, pero con el paso de los días el estrecho lugar comienza a oler mal.

El sector en el cual están tiene filtraciones de agua. Durante todo el día se oye cómo escurre copiosamente.

El suelo se moja. Cuesta dormir bien.

UN PAÍS COMENZABA A PONERSE DE PIE.

Desde que se conoció del accidente, las autoridades instalaron un campamento donde se intentaba tener todas las comodidades posibles. Baños, lavaderos, electricidad, conexión de telefonía celular, hospitales de campaña y la mayoría de los servicios básicos se han ido anexando paulatinamente.

La Municipalidad de Copiapó dispuso a una veintena de funcionarios que durante las 24 horas entregan gratuitamente alimentos, café y hasta cigarros para los más nerviosos.

Paralelamente, camionetas cargadas con ayuda desde distintos puntos del país llegaba constantemente al campamento.

Las perdidas y cansadas miradas de los familiares se convertían en aplausos y gritos de "Ce hache í" cada vez que veían pasar a las pesadas maquinarias que intentaban salvar a sus parientes.

"Estamos muy esperanzados, porque se ve que los otros viejos están trabajando de corazón y se nota que mantuvieron el código minero. Cada vez que hay problemas, los mineros llegan de todas partes",

Declaró Hugo Lobos, sobrino del ex futbolista Franklin Lobos.

La idea es siempre mantener las fogatas encendidas y conectarse espiritualmente con sus familiares.

Todos dicen que no importa quién esté, el objetivo es que los mineros atrapados sientan que sus esposas, hijos o padres están junto a ellos.

"llegué hace una hora a relevar a un grupo de 20 familiares que está desde el viernes. Venimos a apoyar para que ellos no se lleven toda la carga de la larga espera.

Tenemos la fe, porque mi tío hace dos años tuvo un accidente similar donde quedó atrapado 24 horas, entonces él sabe cómo sobrevivir".

La sobrina de Álex Vega

El silencio comienza a apoderarse de las familias cuando cae la noche. Se sientan en grupo y sólo se escucha el crujido de la fogata que consume los maderos de leña.

Nadie habla, pero seguro que por dentro la única oración es "fuerza, viejo".

LA FE, UN PILAR INDISCUTIDO

La fe comienza a convertirse en uno de pilares para que muchos no pierdan las esperanzas. Obispos y pastores visitan diariamente el campamento para entregar palabras de apoyo y realizan liturgias a favor de los atrapados.

Pues bien, las oraciones comenzaron a ver una luz en este quinto día, ya que el sondaje avanzó el doble de lo esperado y en 29 horas la máquina perforó 300 metros.

"Al estar allá me desprendo del dolor. Paso la barrera y saco la pena que tengo, porque no se puede entrar a trabajar tan triste, hay que tener fuerza".

Emocionado, uno de los operarios de las máquinas perforadoras, padre de uno de los mineros atrapados, que cambió su nombre para poder ingresar a las faenas. Pese a que está prohibido que los familiares trabajen en las labores de rescate, este hombre está haciendo todo lo posible por acercarse a la zona del refugio de la mina, donde estarían los 33 trabajadores atrapados.

Son 700 metros de profundidad los que separan la boca del yacimiento con la zona de seguridad y pese a que el Gobierno había señalado el domingo que las máquinas avanzarían a un ritmo de 100 metros diarios, sólo en 29 horas una de ellas pasó los 300 metros.

Junto a esa perforadora, operan otras cuatro, dos de las cuales llevaban al mismo instante un avance de 100 metros.

Un grupo de once expertos se encargaron de calcular el ángulo de las perforaciones.

Miguel Fortt, ingeniero en minas a cargo, precisó que cada 30 metros excavados se retira la máquina y se mide el ángulo del orificio para reorientar el tiro si es necesario.

"Nos va a permitir llegar al punto con un error mínimo que no creo que sea más allá de 50 centímetros", explicó.

Cuando el ducto de 5 pulgadas llegue al refugio, lo primero que se enviará será iluminación y comunicación alámbrica, para conocer el estado de los trabajadores.

Pese al avance, el ministro Laurence Golborne fue cauto sobre los plazos del rescate. "La rapidez es enemiga de la precisión", acotó.

Según explicaron los expertos, a medida que se llega más abajo la máquina disminuye su velocidad, ya que cambia la estructura de la roca y la presión, por lo que los martillos de la perforadora deben hacer más fuerza.

Tras el avance del quinto día, la máquina quedó a menos de 400 metros de la zona del refugio.

DÍA 6

10 DE AGOSTO DE 2010

El Día del Minero

Día 6

Martes 10 de Agosto de 2010

Encomendados a Dios, familiares, cercanos y colegas de los afectados de todo el país esperaban en este día que las labores de sondaje llegaran a buen puerto y se puedan contactar a los operarios que cumplen un día mas, bajo tierra.

UNA AFLIGIDA COINCIDENCIA

Marcado por la incertidumbre sobre el estado de los 33 operarios atrapados desde el jueves en el yacimiento San José, se conmemora en este sexto día, "El Día del Minero", tal como lo establece la Ley en Chile, desde el 10 de agosto de 2009.

Las actividades dispuestas para este día en los yacimientos del norte fueron suspendidas y las autoridades sugirieron reorientarlas "hacia la reflexión".

En ese marco, y por cerca de 30 minutos, se ofició una misa ecuménica en la capilla del Palacio de La Moneda -a la que no asistió el Presidente Sebastián Piñera- en honor a los atrapados.

AVANCES EN TRABAJOS

Por su parte, las faenas de sondaje avanzaban con rapidez, al igual como ocurrió en la víspera. A estas alturas, las máquinas habían perforado alrededor de 400 metros, por lo que restaban sólo 300 para llegar al lugar donde presuntamente estaban los mineros.

UN NUEVO INFORTUNIO

Luego que fallara máquina de sondaje, la herramienta sufrió un desvío en su trayectoria, por lo que su trabajo debió suspenderse.

Al derrumbe del sábado se sumó en este día en la tarde, una falla en la máquina de sondaje que más había avanzado de las seis dispuestas en la mina San José.

"La primera es el rescate directo y segundo, el tema del sondaje. Luego de esto, teniendo pruebas de vida, es necesario activar el tema del rescate. Y eso es muy bueno.

Las alternativas que uno puede tener yendo con un túnel desde afuera es una alternativa muy difícil, teniendo claro que los túneles se construyen en varios meses.

La alternativa de otras tecnologías también se está evaluando, y la idea de trabajar desde un rescate del interior de la mina es una opción viable".

Laurence Golborne

FORTALECIMIENTO DE LA MINA

30 profesionales provenientes de Codelco y El Teniente se unieron al equipo técnico a cargo de las labores.

Andrés Sougarret, gerente en dicha mina, dijo que el yacimiento San José, estaba al principio inestable y ahora está estable, aunque no descartó que los sucesivos derrumbes hayan alcanzado el último nivel.

Necesitaban pensar cómo acceder usando las galerías que están estables desde el nivel 350 hacia abajo y realizar el mínimo de túneles que les permitieran acceder en forma expedita.

TOTAL DISPOSICIÓN EN LA OEA

El secretario general de la Organización de Estados Americanos (OEA), el chileno José Miguel Insulza, comprometió la "total disposición" del organismo para colaborar.

A través de un comunicado de prensa, manifestó su "hondo pesar" por la situación, que a su juicio, ha conseguido que el país se reúna en torno a la causa.

"Esta tragedia ha unido al Gobierno, todos los sectores políticos y al pueblo de Chile en torno al esfuerzo por rescatar a estos compatriotas.

Hago votos muy sinceros para que ese esfuerzo y esa solidaridad se mantengan hasta alcanzar un resultado para el bien de los mineros, de sus familias y de todo el país".

Miguel Insulza, Secretario general de la OEA

LA FRUSTRACIÓN POR NO SABER SI LOS MINEROS "ESTÁN CON VIDA O NO"

El titular de Minería confesaba que la tragedia en Copiapó estaba siendo una experiencia muy dura que le generaba dolor, pena y rabia.

El que se cumplan seis días de angustia por el estado de los 33 trabajadores atrapados en la mina San José ha representado un duro golpe para los familiares y también para él.

"En lo humano ha sido una experiencia muy dura que tiene altibajos, el dolor y la pena, la frustración, la rabia por no poder acceder fácilmente a estos mineros y no saber si están con vida o no",

Ministro Golborne

El Ministro llegó pasadas las 9 de la mañana a La Moneda para poner al tanto de los avances en las faenas al Presidente Sebastián Piñera.

Posterior a ello, se acercó a la Contraloría para formalizar la solicitud de sumario al Servicio Nacional de Geología y Minería (Sernageomin) por su eventual responsabilidad en la tragedia, tras la reapertura del yacimiento en 2008, pese a que un año antes había sido cerrada por la muerte de un operario.

Una vez finalizado el trámite en el ente fiscalizador, Golborne acudiría al Sernageomin para reunirse con el director del organismo, Alejandor Vio, a fin de revisar los antecedentes recabados en torno a la decisión de hace dos años.

Consultado sobre la posibilidad de pedirle la renuncia a la autoridad, el titular de Minería se remitió a decir que no anticipará juicios "hasta que esté todo muy claro respecto a las responsabilidades".

Primero se analizarán los "documentos históricos para establecer en qué circunstancias se produjo la reapertura de la mina", dijo, recalcando que "no es llegar y tomar una determinación sin analizar en detalle los antecedentes"

DÍA 7

11 DE AGOSTO DE 2010

Declaración desafortunada

Día 7

Miércoles 11 de Agosto de 2010

Desde El Teniente llegaron mineros que estudian la reacción del cerro ante los trabajos.

ESTO SERÍA LO QUE DEJÓ A LOS 33 MINEROS SIN SALIDA.

"Explosiones de roca se pueden controlar, Cuando se perfora un cerro para extraer mineral, se generan espacios vacíos como en un queso gruyer, por lo que la roca necesita reacomodarse para resistir el peso del cerro. El material circundante a la excavación recibe una sobrecarga al sostener el resto de la montaña; cuando no da más, explota, se despedaza y cae",

Raúl Castro, ingeniero especialista en minería subterránea

"Es como preparar un sándwich en pan de molde y con mayonesa", "Si se aprieta el sándwich, la mayonesa sale por todos lados, lo mismo pasa con la roca al quedar bajo mayor presión".

Mario Durán, director del Centro de Minería de la UC.

Por ello, es común que en explotaciones subterráneas se produzcan estos fenómenos por lo que deben ser monitoreadas, dice Castro.

"Al producirse la grieta, la roca vibra al igual que lo hace la tierra

con un terremoto. Ello se puede medir con instrumentos y así alertar a los encargados de la mina; ello da el tiempo suficiente para evacuar a los trabajadores".

Otra forma de aminorar las explosiones es fortificar los túneles, explica Durán.

LA ENÉRGICA DECISIÓN PRESIDENCIAL:

A una semana del derrumbe en la mina , el Presidente Sebastián Piñera tomó la primera medida administrativa: Destituyó a los tres principales directivos del Sernageomin, incluidos el director nacional, Alejandro Vio.

La decisión la adoptó debido a que a esa entidad le correspondía fiscalizar las condiciones de seguridad del yacimiento. Asimismo, el Mandatario anunció una profunda reestructuración del organismo.

Entre tanto, el principal sondaje se detuvo a los 300 metros, ya que estaba desviado. Tras su realineación volvería a su trabajo.

Por otra parte, un taller de 200 m2 es la nueva ruta a la cual una sexta máquina perforadora apunta en la búsqueda de los 33 mineros atrapados.

Si bien los otros cinco equipos tienen como meta llegar al refugio que está a 700 metros de profundidad desde la entrada al yacimiento, esta nueva perforadora trabajará en el supuesto de que los operarios se encuentren en el otro recinto.

"Las cosas avanzan de acuerdo a lo programado, pese a que la máquina tuvo un retroceso importante. Esto (el sondaje) va a tomar varios días, una semana como indiqué el domingo",

Ministro de Minería, Laurence Golborne.

El orificio que realiza la máquina será reorientado mediante una perforadora de diamantina y luego la máquina retomará su camino. Mientras tanto, las otras perforadoras continúan su camino para llegar al refugio, contactarse con los trabajadores y asistirlos.

Paralelamente a estos trabajos, Andrés Sugarret, quien coordina al equipo de rescate, ingresó a la mina para verificar la estabilidad del cerro y la factibilidad de continuar el rescate mediante el ducto de ventilación, socavado el sábado.

Según explicó el experto, la mina se habría asentado y es necesario estabilizar niveles superiores (500 metros de altitud).

A partir de ese punto se podría llegar a la zona donde estarían los operarios.

La reevaluación del rescate por el ducto de ventilación se baraja, ya que la construcción de un túnel desde la vecina mina San Antonio podría tardar meses, según precisó el ministro Golborne.

UNA DECLARACIÓN DESAFORTUNADA

Al concluir la noche del día 7, El ministro de Minería, Laurence Golborne, realizó un duro diagnóstico sobre las posibilidades de encontrar con vida a los 33 mineros que se encuentran atrapados desde el jueves de la semana pasada en el interior del yacimiento San José, ubicado en la III Región.

"Las probabilidades de encontrarlos con vida son bajas"

Señaló el ministro al ser entrevistado por un programa Noticioso nocturno.

En ese sentido, añadió que se requería haber sobrevivido a un derrumbe del que se desconoce su magnitud y sus efectos secundarios y haber logrado mantenerse con vida si es que hay oxígeno y agua.

Indicó además que las provisiones en el refugio donde supuestamente se encuentran los trabajadores, alcanzaban solamente "para dos días".

En caso de que los mineros pudiesen ser encontrados con vida, el ministro indicó que lo primera actividad sería "entregarles hidratación, ya que se encuentran en duras condiciones de temperatura bajo tierra, además otorgar los métodos médicos correspondientes y establecer conexión".

"Si están con vida, el hecho de tener comunicación les dará el ánimo que les permitirá sobrevivir", finalizó.

DÍA 8

12 DE AGOSTO DE 2010

Esperanza v/s Presión

Día 8

Jueves 12 de Agosto de 2010

En las profundidades de la tierra los mineros deben repartir un tarro de duraznos en conserva entre los 33.

Y los días pasan...

Ellos no han perdido la noción del tiempo.

Saben la hora y la fecha.

Simulan el día y la noche encendiendo y apagando las luces de sus cascos y de los vehículos que hay dentro de la mina: un camión, un cargador y una perforadora.

REPERCUSIONES DE LA FRASE QUE CAUSÓ MÁS REVUELO

"Las probabilidades de encontrarlos con vida son bajas".

La frase de Golborne, la noche anterior, caló hondo entre los familiares de los mineros, que calificaronn los dichos como "crueles" y cuestionaronn al ministro por no habérselos dicho a la cara.

En el día 8 el ministro viajó a la zona y se reconcilió con las familias.

UNA NUEVA LUZ DE ESPERANZA

El Operativo de rescate de los trabajadores da una valiosa información: El domingo podrían establecer contacto dos sondas con los 33 mineros atrapados.

Esperanzados con la noticia los familiares renuevan sus fuerzas para continuar con la dramática espera.

El ingeniero Andrés Sougarret, que encabeza el grupo de expertos, explicó que las seis máquinas perforadoras avanzaban a una velocidad de 80 metros por día, pero había dos con mayor progreso, las que podrían establecer contacto con los mineros el domingo.

Las seis máquinas apuntan hacia el refugio y un taller en el cual se guardaban las herramientas, en los cuales podrían haberse refugiado los mineros tras el derrumbe. Una vez contactados se les enviará elementos de comunicación, comida deshidratada, agua y medicamentos.

Sougarret aclara que los plazos son impredecibles, pues la dureza de la roca del cerro retrasa la labor de perforación.

Otro de los ingenieros a cargo de los sondajes, Miguel Fort, indicó que "si hay situaciones de optimización, eventualmente se pueden hacer algunos ahorros de tiempo, pero estamos dentro de lo programado por el equipo de expertos".

Sougarret, explicó que durante la tarde se retomaron los trabajos al interior de la mina con técnicos de Codelco.

Éstos se enfocarán en dos aspectos: construir un bypass en las galerías, que permitan el acceso de los rescatistas, y recuperar el acceso al ducto de ventilación por donde bajaban los equipos de salvataje y que el sábado registró un derrumbe en el nivel 350.

Las mayores grietas se encuentran a nivel 500 y por ello es necesario reforzar esa zona antes de continuar más abajo en el yacimiento.

La idea del bypass es construir una vía alternativa en aquellas zonas donde aún hay túneles. Además, llegó un equipo de rescatistas altamente especializado, que demoraría cuatro horas en llegar al sitio en donde estarían los mineros una vez despejada una ruta de acceso.

LA ESPERANZA A TODA PRUEBA DEL PRESIDENTE

"Yo mantengo la esperanza de que los mineros estén con vida"

Presidente Sebastián Piñera

En medio del arduo trabajo de las máquinas de sondaje, que se calculaba que ese domingo podrían establecer contacto con los 33 mineros atrapados en la mina San José, el Presidente Sebastián Piñera aseguraba la mañana del día 8, que mantenía la esperanza de encontrar con vida a los trabajadores.

"Tengo que reconocer que la situación no es fácil. Llevan ya muchos días atrapados, pero la esperanza del gobierno está más viva que nunca",

Señaló el Mandatario.

Estas palabras quedaron registradas en la historia, un día después de que el ministro de Minería, Laurence Golborne, señalara que las probabilidades de encontrar a los trabajadores con vida "son bajas", desatando la molestia de los familiares de los mineros.

"Yo quiero decirle a los familiares de esos 33 compatriotas atrapados que hemos hecho lo humanamente posibile, no hemos escatimado ningún esfuerzo, no hemos escatimado ninguna iniciativa, hemos buscado la mejor colaboración, dentro y fuera de Chile, y, por lo tanto, yo mantengo viva la esperanza de que este enorme esfuerzo pueda terminar en la forma en que todos queremos que termine",

Señaló Piñera.

El Presidente indicó que conversa cada una hora con el equipo que está encabezando las labores y que la tecnología de países vecinos podría ayudar a acelerar el proceso de rescate.

"Hemos contactado a muchos países con experiencia en minería de profundidad, de túneles, como la que se practicaba en la mina San José y hay algunas maquinarias que nos puedan ayudar como alternativa, porque no son la única opción, dichas contribuciones son total y absolutamente voluntarias, gratuitas y generosas".

Concluyó el Presidente

DÍA 9

13 DE AGOSTO DE 2010

Roles Subterra

Día 9

Viernes 13 de Agosto de 2010

Un drámatico Viernes trece, experimentó la madre de uno de los mineros.

UNA INSÓLITA CIRCUNSTANCIA

Pese a que el accidente en la mina San José era un tema nacional y las identidades de los mineros atrapados eran ampliamente difundidos en la prensa, una madre se enteraba en este día que su hijo estaba en la lista.

Se trataba de una mujer de 68 años que vive en el poblado de Tierra Amarilla, al interior de la Región de Atacama, quien fue alertada del hecho por unos conocidos y luego acudió a una comisaría donde le confirmaron la noticia.

Gracias a la ayuda de la policía local, la mujer pudo trasladarse ese mismo día hasta el yacimiento minero.

ROLES SUBTERRA

La organización y asignación de labores comenzó a ser indispensable en medio de la crisis que vivían los mineros.

El electromecánico Edison Peña (34) es el encargado de cargar las baterías.

El mecánico hidráulico Raúl Bustos (40) se fue de Talcahuano buscando nuevos horizontes después del terremoto. Ahora construye un sistema de mangueras para abastecer de agua la zona donde se encuentran sus compañeros.

Mientras que el único boliviano del grupo, Carlos Mamani (23), quien también emigró de su país soñando con oportunidades en Chile, colabora a duras penas en la habilitación del sistema.

El encargado de cuidar la salud es el perforista Yonny Barrios (50), que aprendió a poner inyecciones desde niño a su madre para tratar su diabetes y maneja conocimientos paramédicos.

También llevan un diario. Y es el electricista Víctor Segovia (48), quien laboralmente acostumbra a hacer el "report" en la mina, el que lo escribe.

DÍA 10

14 DE AGOSTO DE 2010

En las manos de Dios

Día 10

Sábado 14 de Agosto de 2010

El Presidente arriba a Copiapó a dar apoyo a los familiares de los trabajadores.

"Hemos hecho lo humanamente posible, pero también quiero reconocer que no todo está en manos de los ingenieros, de los técnicos. Hay elementos que nosotros no controlamos y por tanto también estamos en manos de Dios"

Dijo el Presidente Piñera.

"Espero como Presidente de Chile, que podamos lograr este lunes o este martes, poder tomar contacto con los mineros y terminar con esta situación que ha producido tanta angustia y dolor, como lo esperan no sólo los familiares de los mineros, sino también como lo esperamos todo los chilenos, que compartimos la esperanza de rescatarlos con vida",

Expresó el mandatario.

Y tras solicitar la renuncia de los máximos directivos del Servicio nacional de Geología y Minería (Sernageomin), entre los que se encontraba el director, subdirector y director regional de Atacama, el Mandatario anunció cambios profundos al interior del organismo.

"Le he encargado al ministro de Minería (Laurence Golborne) una profunda reestructuración, para que cumpla adecuadamente la labor de prevenir y asegurar que las normas reglamentarias se cumplan, en un país esencialmente minero como es el nuestro", explicó.

Asimismo, señaló que los cambios apuntarán también a la protección de la integridad de los trabajadores y de su vida, de modo que "se respete también su dignidad".

ORACIONES

Ahí abajo, los mineros oran a diario. Y uno de los que se encarga de mantener elevado el espíritu del grupo en medio de las rocas es José Henríquez (54), quien ha sido predicador de la iglesia evangélica.

Es difícil verlo alterado, incluso a 700 metros de profundidad. Les dice que no hay que perder la fe.

También se suma a las oraciones Osman Araya, quien toca la guitarra los domingos en misa. Claro que en esa caverna no hay música.

DÍA 11

15 DE AGOSTO DE 2010

Nunca más los veremos con vida

Día 11

Domingo 15 de Agosto de 2010

El día once se introduce un concepto muy especial en el corazón de los chilenos.

ENTRA EN ESCENA EL CONCEPTO MILAGRO

Aquella mañana, los periódicos daban cuenta que el Gobierno confía en un milagro tras conocer oscuro informe de expertos.

Evaluaciones internas de La Moneda, en base a los análisis de especialistas, decían que habría un 2% de posibilidades de rescatar con vida a los mineros atrapados.

Cuando el jueves 12 el ministro de Minería, Laurence Golborne lanza la frase "Las probabilidades de encontrarlos con vida son bajas", muchos no sabían que esas palabras tenían su origen en una reunión a la que había asistido en La Moneda para evaluar, junto al Presidente, el ministro del Interior y un grupo de expertos, las labores de rescate.

Ahí, ante un mapa real de yacimiento, proporcionado por la Compañía San Esteban, el grupo evaluó las posibilidades de éxito.

Las conclusiones fueron desoladoras.

Tanto, que, según los especialistas, sólo habría un 2% de posibilidades de encontrar a alguien con vida un muy mal augurio.

En la reunión, los expertos les plantearon al Presidente y al ministro que el derrumbe fue enorme, mucho más grande de lo pensado y de alcance desconocido, lo que hace muy difícil el rescate.

En la negativa evaluación de La Moneda pesó el hecho de que, según informes de los propios ejecutivos de la mina, los 33 trabajadores habrían estado separados al momento del colapso.

"Los mineros no trabajan todos juntos de la mano. Típicamente tres trabajan en un túnel, otros tres o cuatro en otro. No hay posibilidad de que estuvieran los 33 en un mismo lugar",

Dijo un ingeniero de minas que analizó la situación.

Los informes que recibió el Gobierno indicaban que de haber habido un grupo en las rampas al momento del derrumbe, la posibilidad de encontrarlos es prácticamente nula, pues esa zona estaría completamente bajo toneladas de tierra y rocas.

A esto se suman las inhóspitas condiciones en las que estarían los trabajadores a cerca de 700 metros de profundidad:

100% de humedad, más de 30 grados de calor (86° F), probablemente en oscuridad absoluta y, dependiendo de dónde estén, también con escasez de agua y sin alimentos desde hace varios días.

DÍA 11, DÍA DECISIVO

Cuando faltaban sólo 177 metros para llegar al taller donde podrían estar los refugiados se inició una fase decisiva en la búsqueda de los 33 mineros. Desde muy temprano se incorporaron a la faena de rescate dos equipos de precisión traídos desde Estados Unidos y Australia.

"Tenemos razones fundadas para estimar que en el lugar donde estarían existe ventilación y agua"

Decía el Presidente Piñera.

Si bien el día anterior, las dos principales máquinas perforadoras no habían avanzado mucho, en ese día se incorporarían dos barras motorizadotas, que ayudarían a aumentar la precisión del recorrido, entrando en la fase decisiva de la búsqueda por contactar a los trabajadores.

El proceso sería más lento, pero ayudaría a que la labor de las siete sondas y los mil rescatistas que participaban del operativo logren su objetivo dentro de los 2 siguientes días.

En forma paralela, los rescatistas reforzaban túneles, limpiaban bloques de rocas y avanzaban por el ducto de ventilación en el nivel 355. "Hay planos y testimonios mineros de que habría otras chimeneas. Cuando penetremos bajo el nivel 345 exploraremos para detectarlas, y a través de ellas llegar a rampas despejadas", sostuvo el secretario de Estado.

Las noticias entregadas por el ministro reanimaron a las 300 familias, a las que el día anterior se sumaron cerca de 650 personas, entre mineros de todo el país, amigos y hasta un grupo de baile que alegró la jornada con una diablada. (baile típico de la zona)

SUSPENSIÓN DE LOS TRABAJOS Y RETORNO A LA PREOCUPACIÓN

La mañana comenzó con esperanzas, pero el día terminó con lágrimas. Del optimismo por la llegada de maquinaria especializada desde Estados Unidos y Australia se pasó al dolor luego de escuchar que habría que esperar varios días más para establecer contacto con los 33 trabajadores atrapados en la planta San José hace once días.

Pasadas las 20:40 horas, cuando los familiares esperaban noticias sobre el avance definitivo de los sondajes, el ministro de Minería, Laurence Golborne, dio a conocer un panorama muy distinto, anunció que el contacto con los 33 trabajadores se demoraría varios días más.

Seg;un Golborne, las familias mantenían la fe y la esperanza de que sus familiares estarían bien. Ellos son mineros, son familias de mineros y tienen la convicción de que sus familiares saben desenvolverse en estas circunstancias tan dramáticas, dec;ia el secretario de Estado.

"Nosotros continuamos trabajando con fe y esperanza, haciendo todo nuestro esfuerzo por llegar a ellos", agregó.

El titular de Minería enfatizó que no se hablaría de nuevas estimaciones respecto a los plazos para la evacuación de los mineros, para no generar "ansiedad" no sólo a los familiares, sino también a los técnicos, trabajadores y voluntarios involucrados en las labores de rescate.

"Tratar de adivinar el momento en que una máquina no va a fallar o los rendimientos que va a tener cierta tecnología, es inconducente", sostuvo Golborne.

El ministro también informó que se decidió suspender los trabajos que se realizaban al interior del yacimiento por existir riesgo de derrumbes.

"La mina tiene un bloqueo mayor al que originalmente se previó y está en una condición insegura, por lo cual los técnicos han aconsejado no continuar el trabajo interno", explicaba el secretario de Estado.

De esta manera, la opción de acceder a los trabajadores atrapados a través de los túneles quedaba totalmente descartada, así como también la de establecer contacto a través del ducto de ventilación o "chimenea".

La única posibilidad que seguía vigente es la de los sondajes, para lo cual en el día 11 llegaron equipos de precisión encargados especialmente al extranjero.

En este sentido, el ingeniero Andrés Sougarret, explicaba que con las nuevas máquinas había que medir más frecuentemente, y ajustar metro a metro el avance y la dirección. "Por lo tanto, necesitamos varios días, a pesar de que quedan menos metros, para llegar al punto en que suponemos están los mineros", sostuvo el especialista.

NUNCA MÁS LOS VEREMOS CON VIDA, INDESCRIPTIBLE DOLOR DE LOS FAMILIARES

La desesperación se hacía sentir en el campamento, con llantos y principios de desmayo salían algunos de los familiares de los 33 mineros tras la reunión con el ministro de Minería, cuando les informó que la única opción para llegar hasta sus seres queridos eran las sondas de perforación, y que había que seguir esperando por un tiempo indeterminado.

La jornada era nublada, con bajas temperaturas y una leve llovizna al anochecer, fueron saliendo uno a uno los 66 familiares que participaron del encuentro, que se extendió por más de una hora.

Sin poder contener las lágrimas, Alberto Ávalos, tío de Florencio y Ronald Ávalos, dijo que

"esto esperábamos nosotros, que hubiera claridad en la información. Si no, íbamos a estar engañados hasta el último".

"Lo dije desde un principio: nos debieron haber dicho de inmediato la verdad.

La mina se asentó y nunca más veremos con vida a nuestros familiares... Pero cuántos días costó para que nos dijeran eso".

Durante la madrugada siguiente, los familiares proseguían su vigilia. Sicólogos, sacerdotes y pastores los acompañaban en las carpas.

DÍA 12

16 DE AGOSTO DE 2010

Escenario Complejo

Día 12

Lunes 16 de Agosto de 2010

En el campamento hay carpas por doquier, pancartas con fotos de los mineros y sus nombres escritos con piedras blancas en el cerro más cercano.

Más 33 banderas chilenas que los simbolizaban.

También un improvisado punto de prensa donde Golborne se paraba sobre un cajón de madera.

También un comedor que repartía desayuno, almuerzo y cena para cualquiera que estuviera presente en el lugar.

A toda hora en el mesón central había sempiternamente un plato repleto de galletas...

Abajo, en cambio, media galleta, medio vasito de leche y dos cucharadas de atún para cada uno cada 48 horas.

Comenzaba una nueva semana para los mineros y los síntomas de malestar aumentaban. Varios a estas alturas tienen problemas estomacales. Los provocaba el consumo del agua industrial con la que contaban. Se hacía más evidente la pérdida de peso y de energía de los trabajadores.

La temperatura se mantenía en 30 grados (86° F). Los menos optimistas empiezan a sospechar que no habrá escape. Que puede ser el fin.

Y algunos llegan a creer que sus compañeros irán muriendo uno a uno. Pero no lo comentan...

Aunque hay otros más duros, como Juan Illanes (51), quien le cuenta al grupo que estuvo en la frontera con Argentina como cabo primero para el conflicto del Beagle, en 1978. Para él, ésta es como una segunda hazaña que hay que superar.

Para evitar la desesperación de los más inexpertos, Mario Sepúlveda (39), oriundo de Santiago, con dos años de experiencia en la San José, le cuenta chistes al grupo.

Arriba, su hija Scarlet, sin saber aún de su padre, relataba que "tiene condiciones de líder" y que seguro estaba alegrando al resto abajo

INFORMACIONES DESCONCERTANTES

Con molestia reaccionaba el ministro de Minería, Laurence Golborne, ante las informaciones que daban cuenta del supuesto hallazgo del taller donde podrían estar los 33 mineros atrapados hace once días en el yacimiento San José.

Acompañado del encargado de las faenas de sondaje, Andrés Sougarret, el secretario de Estado pidió seriedad a la hora de entregar reportes periodísticos, ya que "esto provoca un daño muy serio en las familias".

"Hubo gente que celebró, que se alegró y luego tuvo que sufrir la desilusión de un desmentido (...). Este es un tema muy serio (...). Hemos tenido una transparencia absoluta (...). Necesitamos la máxima cautela por respeto a los familiares", añadió.

Sougarret, por su parte, explicó que la máquina que llevaba 510 metros perforados "hizo contacto con una caverna a la 1 de la mañana. Se tomó la decisión de sacar las barras e ingresar una cámara de televisión con sonido (...). Lamentablemente lo que contactamos fue un caserón, relleno con material".

Lo anterior, según el experto, dificulta el avance de los trabajos, pues la galería "no figuraba en los planos", obligando a detener el sondaje e "iniciar desde cero".

No obstante, aclaró que una filmadora fue dejada de forma permanente "para seguir monitoreando en caso de que hubiere cualquier movimiento" en el lugar".

Sougarret además comunicó que las barras motorizadas -equipos de precisión llegados anoche a la mina- ya están en funcionamiento, y reiteró que el objetivo de las máquinas de sondaje son "el nivel 135, donde está el taller mecánico, y el nivel 100, donde está el refugio (de emergencia)".

PRESIDENTE CONFIESA COMPLEJIDAD

El Presidente Sebastián Piñera admitía que la situación de los 33 mineros atrapados hace 12 días en el yacimiento San José "es muy compleja".

Desde el Sur de Chile, en una visita a Punta Arenas, el Mandatario se refirió a los contratiempos ocurridos en la zona, los cuales llevaron a las autoridades a señalar que el rescate de los malogrados operarios se concretaría en "varios días".

Piñera dijo ser "muy realista" del escenario en que se realizan los trabajos de sondaje, sobre todo, porque la mina "ha demostrado mucha inestabilidad".

"La esperanza sigue en pie y los esfuerzos de rescate van a continuar sin pausa y sin ninguna detención.
El Gobierno pondrá a disposición de los equipos , todos los recursos, toda la tecnología y todo el conocimiento humano que esté disponible en Chile o en cualquier otra parte del mundo".

Presidente Sebastián Piñera

DÍA 13

17 DE AGOSTO DE 2010

Alegría y cautela

Día 13

Martes 17 de Agosto de 2010

El jefe de turno, Luis Urzúa, y otros hombres mayores como Mario Gómez intentan combatir la desazón insistiendo en el cumplimiento de labores rutinarias como irse a bañar a una galería cercana al nivel 130, donde cae agua de napas subterráneas que los trabajadores bautizan como "la ducha".

Para trasladarse hasta ese lugar, los mineros ocupaban una máquina manitour que les evitaba un exceso en el gasto de energía que significaría la subida a ese sector.

De todos modos, trataban de entretenerse con un dominó que crearon con papelitos recortados en rectángulo y pintados con plumón. Y se turnan para hacer guardia.

En la superficie, ante las complicaciones surgidas en los últimos días, el equipo de rescate evaluaba una nueva alternativa para llegar a los mineros: utilizar uno de los forados realizados por una de las máquinas de sondaje que trabajan en el yacimiento San José.

"Estamos definiendo una alternativa por fuera de la mina. Eso significa aprovechar alguno de los sondajes que tenemos como medio de guía para hacer un túnel de acceso de mayor tamaño"

Andrés Sougarret, ingeniero en minas de la división El Teniente de Codelco.

Lo anterior facilitaría el acceso a los 33 mineros que ese día, martes, cumplían 13 días atrapados a 700 metros de profundidad.

Según Sougarret, hasta la noche anterior, la sonda más avanzada llevaba 539 metros perforados, seguida por otra unidad a 533. Ambas van al refugio de emergencia donde podrían estar los trabajadores.

Las otras máquinas estaban a 426, 400, 456 y 290 metros de profundidad. En total había ocho unidades trabajando.

ALEGRÍA, PERO CON CAUTELA

Por otra parte, el ministro de Minería, Laurence Golborne, comunicaba a los familiares de los 33 mineros atrapados en el yacimiento San José que una de las nueve sondas de perforación llegó hasta los 670 metros de profundidad, a sólo 30 de su destino: un túnel cercano al refugio donde se encontrarían cobijados.

Y aunque la noticia renovó las esperanzas de los familiares, quienes reaccionaron con alegría y aplausos, la sensación que primó fue de cautela ante lo que pueda ocurrir ese día.

De tener éxito en la perforación, recién durante esa jornada se podría conocer si los mineros estaban en una zona cercana a ese punto.

"estar tan cerca es esperanzador después de tantos días de angustia e incertidumbre".

Elías Barrios, hermano de Johny Barrios

Golborne prefirió bajar el nivel de expectativa al realizar el anuncio, pese a que calificó el avance como auspicioso.

Su mesura obedecía a que la sonda que estaba más cerca de un posible contacto con los mineros era de las que operan con un sistema de aire inverso (la roca se tritura y succiona) y que ofrecen menor precisión, por lo que en cualquier momento podría desviarse de la ruta hacia su destino.

De hecho, los sondajes más precisos, que ocupan el sistema diamantina (se extraen trozos de roca), tienen un margen de error de 2%. Es decir, a 700 metros de profundidad pueden garantizar hasta 14 metros de distancia respecto del objetivo y además corregir el rumbo de la perforación.

Golborne y el ingeniero a cargo de las labores, Andrés Sougarret, reconocieron que es una apuesta arriesgada, en la que se privilegia la rapidez sobre la precisión.

Una vez que se completara el trabajo de sondaje hasta los 700 metros de profundidad, y de encontrarse un túnel cercano al refugio, pasarían 12 horas antes de poder verificar la condición en que podrían encontrarse los 33 atrapados.

Aunque todas las expectativas de las autoridades estaban puestas en rescatar a los mineros con vida, la intendenta de Atacama, Ximena Mattas, reconoció que el Gobierno estaba preparado "para todos los escenarios".

FAMILIARES CONOCIERON CAMPAMENTO MÉDICO

Los familiares de los 33 mineros atrapados fueron a la zona que concentraba a los rescatistas en la superficie. Pero en esa oportunidad fueron trasladados por funcionarios del Gobierno y coordinadores del rescate hasta el campamento médico instalado a un costado de las sondas.

En el recinto de campaña se coordinaría desde la superficie la ayuda médica, alimentaria y sicológica para los trabajadores, luego que se tomara contacto con los mineros en el taller mecánico o en el refugio.

Durante una hora, María Segovia, hermana de Darío Segovia; y Liliana Ramírez, esposa de Jorge Galleguillos, recorrieron las instalaciones y recibieron respuestas a cada una de sus dudas por parte de los médicos, paramédicos, enfermeros, nutricionistas, sicólogos, que afinaban los últimos detalles.

Los familiares conocieron los tubos de oxígeno, con capacidad para 20 inhalaciones; el alimento (gel que regenera tejidos e hidrata); medicamentos, e incluso las fichas clínicas de cada uno de los atrapados. A su regreso al campamento, María Segovia indicó que "quedamos más tranquilos y renovamos la fe en que los rescatarán con vida"

DÍA 14

18 DE AGOSTO DE 2010

Un recorrido por el lugar de rescate

Día 14

Miércoles 18 de Agosto de 2010

Emocionana "Me saqué el empacho", repetía Cristina Núñez, mientras abrazaba a su suegra.

Acababa de retornar a su carpa y no paraba de relatar a sus familiares lo que había visto en los trabajos de sondaje de la Mina San José, donde están los 33 mineros atrapados, después de la primera visita de familiares de los mineros a los trabajos de sondaje y observar de cerca las operaciones .

"Se ven las máquinas funcionando y gente trabajando, mucho movimiento. También hay un pozo muy grande",

Describió la esposa de Claudio Yáñez, el trabajador que junto con sus compañeros enteró 14 días a 700 metros bajo tierra.

"Es muy emocionante, yo estaba empezando a flaquear, pero ahora se renovaron las esperanzas", aseguró Cristina.

Junto con su cuñado, fueron los dos representantes de la familia que participaron en el primer recorrido hacia el lugar de rescate, una medida que anunció el ministro Laurence Golborne y que de inmediato aceptaron los habitantes del improvisado Campamento Esperanza.

Hasta el día anterior esa zona estaba cerrada para los familiares, quienes podían acceder solo hasta varios metros antes de las torres de sondeo. Ahí los detenía una barrera de contención.

Eso cambió cuando una camioneta fue a buscar a los cinco integrantes del grupo que inauguró los viajes. Dos parientes de Claudio Yáñez y tres representantes de la familia Galleguillos. Luego del recorrido, de alrededor de 20 minutos, la misma camioneta los llevó de vuelta al que es su hogar desde hace dos semanas.

La medida llegó en momentos en que el ánimo comenzaba a decaer en el campamento. "Estamos desesperados", confesó Crisólogo Rojas, tío de Carlos Barrios.

"Llamen a los mineros más antiguos, porque ellos pueden conocer alguna otra vía, empiecen ya a trabajar en una salida, pero hagan algo, no pierdan tiempo", lanzó como mensaje a las autoridades.

"Se nota que le están poniendo cualquier empeño y que están buscando personas, no mineral. Vimos todo desde arriba, como un cerro y abajo están las maquinarias. Un jefe vino a explicarnos los trabajos y él estaba más optimista que nosotros",

Luis Fernando Peña, papá de Edison Peña. (uno de los mineros atrapados)

DÍA 15

19 DE AGOSTO DE 2010

Gran frustración

Día 15

Jueves 19 de Agosto de 2010

El día comienza con gran expectación, una de las nueve sondas que trabaja en la zona podría hacer contacto con el refugio durante la jornada.

Tal proyección respondía a que en las últimas horas la perforadora se ubicaba a 30 metros del área donde se presumía estarían los trabajadores. Durante la mañana, extraoficialmente se supo que habría superado los 700. Lo que fue ratificado por el propio ministro de Minería, Laurence Golborne, y el jefe técnico de las labores de rescate, Andrés Sougarret, quienes indicaron que se estaba cerca de los 670 metros.

LA MAYOR FRUSTRACIÓN

Aunque todo el país estaba expectante ante la posibilidad de entablar, al fin, el primer contacto con los mineros, gracias a la sonda que estaba en la profundidad requerida, el rescate volvió a truncarse.

Increíblemente, la sonda llegó a los 720 metros y no encontró el refugio, al parecer debido a que los mapas entregados por la empresa estaban obsoletos.

La situación provocó profunda tristeza y desconcierto entre los familiares, que no se explicaban cómo los cálculos podían haber fallado.

Este último traspié, provocó que cercanos a los mineros perdieran la paciencia y los pirquineros intentaran ingresar a la mina San José para colaborar en las labores de rescate.

Los trabajadores pretendían empezar a cavar en paralelo a la colocación de las sondas, lo que fue impedido por las autoridades debido a razones de seguridad.

A partir de ese momento, los efectivos policiales reforzaron las medidas de vigilancia en los alrededores del yacimiento.

El propio Presidente Sebastián Piñera tuvo que confirmar la lamentable noticia, mientras visitaba un colegio de Cerrillos.

"Lamentablemente la sonda más avanzada no hizo contacto con los mineros atrapados, pero hay ocho sondas más que siguen avanzando"

El Mandatario también explicó que en paralelo a los sondajes se trabaja "en la preparación de las labores de rescate", aunque "ha sido una situación extremadamente difícil". No obstante, dijo, "seguiremos haciendo lo humanamente posible".

Rostros de desconcierto y tristeza fueron la tónica entre las familias, el ministro de Minería, Laurence Golborne, confesó que "hay frustración, rabia y desesperanza, porque la situación no es fácil".

Sus palabras y las del Presidente Sebastián Piñera representaron un "duro golpe" para las familias, que culparon a la empresa San Esteban por los contratiempos, ya que "nunca entregó una información clara".

"Es una mala la noticia. Aquí todos están trabajando a ciegas, porque no tienen ningún plano actualizado, están perforando y perforando y esperando que, si Dios es grande les diga 'allá es el lugar'", reclamó uno de los familiares.

Pese al desconcierto que los embargaba, la mayoría concordó en que "la fe sigue bien en alto", ya que "esto aún no termina (...) y están vivos". "Seguimos con la esperanza y con la fe intacta.

Duele mucho, pero somos fuertes, por algo somos hijos y hermanos de mineros luchadores, así que no nos doblegaremos", aseguraron.

A gritos pedían que pirquineros, con taladros y máquinas percutoras, ingresaran al yacimiento. Dos filas de policías chilenos se instalaron en la barrera y lograron desarticular la manifestación tras una serie de forcejeos e insultos lanzados por los familiares.

Esta reacción evidenciaba la frustración que embargó a quienes esperaban en la boca del yacimiento noticias positivas sobre el operativo de rescate. Además marcó un quiebre en la relación con el equipo que encabezaba el ministro de Minería, Laurence Golborne, quien había viajado a Santiago para informar al Presidente Piñera.

En una reunión entre el subsecretario de Minería, Pablo Wagner, familiares, ingenieros de Codelco y el diputado Carlos Vilches, los pirquineros Juan Ramírez y Luis Salazar presentaron un plan para trabajar en el pique. "Nuestra idea es acceder por la rampa principal hasta el nivel donde ocurrió el derrumbe y comenzar a construir una chimenea de un metro y medio de ancho hasta otra galería, y así sucesivamente", contó Juan Ramírez. Sin embargo, el subsecretario Wagner rechazó de plano la idea al explicar que "las condiciones de inseguridad en la mina no permiten el acceso, debido al desequilibrio que presenta la masa de roca de 700 mil toneladas que se desplomó hace dos semanas sobre las galerías. No queremos arriesgar más vidas".

La negativa generó un amplio rechazo entre los familiares, que improvisaron una marcha por el campamento, pidiendo a gritos el ingreso de los pirquineros. *"Estamos dispuestos a correr riesgos. No hay rescate que no tenga riesgos"*, contó Ramírez.

Oscar Illanes, hermano del minero Juan Illanes, explicó que "primero los planos no sirven. Ahora, el Gobierno no nos escucha y el subsecretario Wagner nos dice que con este plan cometemos una ilegalidad.

"Por fin tenemos un plan que nos interpreta. Es lo que queremos hacer, porque los pirquineros conocemos de estas minas",

José Vega, padre de uno de los mineros

"Es absurdo que una empresa trabaje con planos inexactos. No hay certezas de nada, ni siquiera de cómo es la mina. Cómo los van a encontrar"

Arnoldo Plaza, primo de Alex Vega, minero atrapado

"De nuevo nos piden tiempo, pero ya no podemos más (...) Que nos dejen entrar ahora".

Oscar Illanes, hermano del minero Juan Illanes

Lo que ninguno de los familiares sabía, ni podían enterarse que es precisamente esa sonda, la que no dio con el refugio, la que les da esperanza a los 33 hombres en el fondo de la mina.

A esas alturas ya sentían el ruido muy cercano.

Pero algunos, entre el barro, la humedad y el calor que les obliga a mantenerse 24 horas con el torso desnudo, sospechan que la salvación pasó definitivamente de largo.

DÍA 16

20 DE AGOSTO DE 2010

Alta preocupación

Día 16

Viernes 20 de Agosto de 2010

En el fondo de la tierra, varios de los mineros vuelven a sentir desazón y ese viernes es uno de los días más tristes bajo la mina, aunque la roca permite que los mineros puedan escuchar que otra sonda se aproxima. La mayoría del tiempo se mantienen inmóviles.

Les ha crecido barba. Pesan de 8 a 10 kilos menos.

Arriba entre tanto, tras los momentos de profunda tensión registrados en la mina, luego que las sondas no pudieran hacer contacto con el refugio, la policía redobló la vigilancia en el lugar y sus alrededores.

Hasta la zona llegó un grupo de 40 estudiantes de la Escuela de Suboficiales de Santiago y se instaló en la entrada del yacimiento un bus de Fuerzas Especiales, aunque la orden era usar la fuerza sólo cuando la situación "se salga de las manos".

Además, se amplió el radio de control policial, por lo que sólo las personas que posean la tarjeta entregada por el gobierno a los familiares de los hombres atrapados podrán llegar hasta el campamento.

El aumento de la dotación se produce ad portas del fin de semana, ya que durante el anterior se triplicó la cantidad de personas que subía hasta los pies de la mina.

La desesperación se hizo presente una vez mas durante esta jornada cuando los familiares exigían con gritos y cánticos que unos pirquineros entraran al lugar para intentar un rescate.

Pero esta alternativa ya había sido descartada por el gobierno, en esta oportunidad la vocera, Ena von Baer, argumentaba que "no se pueden correr riesgos de perder vidas".

EL PRESIDENTE SIGUE ATENTO

Cada dos horas, el Presidente Sebastián Piñera recibía en su Blackberry un estado de avance sobre los trabajos de rescate que se efectuaban en la mina San José, donde los 33 mineros estaban atrapados.

Una información que era enviada por correo electrónico o por frecuentes contactos telefónicos con el ministro de Minería, Laurence Golborne; el subsecretario Pablo Wagner, y el gerente de minas de El Teniente, André Sougarret, quien encabezaba el equipo de expertos a cargo de las faenas.

Eso, y un aumento notorio de sus tics nerviosos, fueron dos manifestaciones que daban cuenta de la forma en que la crisis que se vivía a 48 kilómetros de Copiapó había concentrado las preocupaciones del Mandatario.

En el Gobierno aseguraban que eso no obedece a un cálculo político, sino que el tema lo estaba afectado en lo personal, tanto a él como a su esposa, Cecilia Morel.

El domingo 8 instruyó a la Cancillería y a Codelco realizar gestiones con gobiernos y empresas mineras de Canadá, Estados Unidos, Perú y Australia para conseguir motores avanzados que permitirían a las perforadoras trabajar con mayor precisión y redireccionarlas si es necesario. Éstos no existían en Chile.

Consciente del sentido de urgencia e importancia que confiere la llamada de un Presidente, él mismo tomó el teléfono y se comunicó con el embajador en Canberra, Pedro Pablo Díaz, entre ottros, incluso se le escuchó hablar en inglés explicando la necesidad de contar rápido con los motores.

Piñera ordenó desde un comienzo que si ocurría alguna eventualidad importante -positiva o negativa- lo llamaran inmediatamente. No importaba la hora que sea o donde estuviera.

Así ocurrió una semana antes, cuando una de las máquinas perforadoras sufrió un desperfecto y a las 2 A.M. recibió una llamada para notificarlo del traspié. Dijeron que le costó volver a dormirse. También el jueves anterior, cuando en medio de un almuerzo con la ex Presidenta Michelle Bachelet en La Moneda, Golborne -quien había llegado desde Copiapó- interrumpió la cita para comentarle personalmente las novedades del día.

Además del titular de Minería, quienes tenían línea directa con él para abordar el tema en cualquier momento eran Wagner, Sougarret y el jefe del gabinete, Rodrigo Hinzpeter.

La tragedia fue objeto de conversación de Piñera con su familia, y en más de una oportunidad el recuerdo de los rugbistas uruguayos que sobrevivieron 72 días atrapados en los Andes fue usado como ejemplo de un desenlace sorprendente, que esperaba se repita en esta ocasión.

De hecho, al gobernante lo que más le impactadaba era ver la entereza con la que los familiares de los mineros estaba enfrentado la situación, pero que también le preocupaba constatar que el ánimo de éstos estaba decayendo progresivamente a medida que transcurrían los días.

Su mayor molestia era por los errores cometidos y que permitieron la reapertura de la mina.

Tres visitas había hecho el Presidente a la mina San José desde el accidente hasta ese momento: la noche del sábado 7 -cuando regresó desde Colombia de urgencia por el tema-, el lunes 9 y el sábado 14.

Dos informes detallados sobre la evolución del escenario recibía a diario el Mandatario: a las 7:30 de la mañana y a las 18:30. Los documentos también eran recibidos por el comité político.

Dos gestiones directas con gobiernos de otros países había hecho Piñera para conseguir tecnología de punta que permitiera avanzar en la operación de rescate de los 33 mineros.

Junto con ello, la Cancillería y Codelco mantenían contactos con gobiernos y empresas mineras de Estados Unidos, Canadá, Australia y Perú buscando el mismo objetivo, lo que fue instruido por el Presidente el domingo 8, al día siguiente de su primera visita a la mina.

DÍA 17

21 DE AGOSTO DE 2010

A las puertas

Día 17

Sábado 21 de Agosto de 2010

Mientras un intenso sol se sentía ese sábado, en el campamento del acceso a la mina San José, se cumplían 17 días cronológicos del derrumbe que dejó atrapados a los mineros, y los trabajos de sondaje avanzaban según lo programado.

Así lo informaban el subsecretario de Minería, Pablo Wagner, junto al ingeniero encargado de las labores de rescate, André Sougarret, quienes entregaba un balance de las labores realizadas en las últimas horas.

"el sondaje que va más avanzado es el sondaje número 16 que está en este momento en 620 metros. Eso significa que hemos avanzado de acuerdo a lo que teníamos previsto y esperamos entonces en las próximas 24 horas alcanzar el nivel que corresponde.
Son aproximadamente 80 metros más que deberíamos determinar posición para el refugio rampa", donde supuestamente se encontrarían los mineros.

Andrés Sougarret

También confirmaba que, de acuerdo a sus cálculos, el derrumbe no afectó el lugar donde estarían los 33 trabajadores.

"La zona del derrumbe está en la zona central de la veta y la zona donde nosotros estamos ubicando el refugio queda en la zona norte, por lo tanto, de acuerdo a las dimensiones que hemos calculado, no debería estar, en principio, el riesgo de que estuvieran colapsados", añadió.

Todo el mundo ansioso, le consultaban por las dificultades que se presentaban al interior de la mina, a lo que Sougarret indicó que "un problema que nos ha complicado es la aparición de agua, probablemente por las diamantinas que usan gran cantidad de agua y cada vez que paramos tenemos que limpiar esa agua y retrasar un poco el avance".

En tanto, el subsecretario Wagner informó que se reunieron con los familiares para entregarles detalles de los trabajos que se han realizado hasta el momento.

"Tuvimos una conversación muy fluida, bastante positiva, en el sentido que nosotros creemos que este es un esfuerzo importante que en las próximas 24 horas podemos tener noticias más concretas, y estamos tranquilos en el sentido de que estamos avanzando".

Entonces la gran noticia que entusismaba a todo era:

En las próximas 24 horas, una de las sondas que se emplea en el rescate en la mina San José podría alcanzar la profundidad de 700 metros del refugio, donde se espera estén los trabajadores atrapados desde el derrumbe del 5 de agosto en el yacimiento de propiedad de compañía San Esteban.

Todo hacía parecer, que ésta vez, estaban a las puertas...

DÍA 18

22 DE AGOSTO DE 2010

El Gran día que conmovió al mundo

Día 18

Domingo 22 de Agosto de 2010

Son las seis de la madrugada, una sonda despierta a parte del grupo de mineros, que no se percataba de lo que estaba sucediendo.

Se trataba de una sonda, que había llegado a 20 metros del refugio.

Había gran expectación en el ambiente, podría ser un día histórico.

La sonda rompió por un costado de la caja del refugio. Los mineros atrapados se apuran para dar señales hacia arriba de que están vivos.

Mientras que en la superficie, un trabajador que estaba a bordo de un bus por el cambio de turno, escuchó un golpe en la barra de la sonda.

"arriba se sintió otro tipo de señal, esa fue la única comunicación que se tuvo".

No obstante, el operario no precisó de qué tipo fue ésta.

Sin embargo, Miguel Fort, ingeniero en minas que colabora en las labores de rescate, afirmó que "yo no me alentaría mucho si hay com-etarios, yo creo que el instinto de conservación, y los ruidos típicos generan golpes".

"Acá hay dos alternativas, o alguien golpeó la barra o cayó algún trozo de roca que golpeó la barra, pero eso no lo podemos definir".

Por ello, llamó a ser muy cautos, "seguir quemando las etapas que vienen, para lograr el objetivo final".

Por su parte, el ministro de Minería, Laurence Golborne, reiteraba su llamado a la calma e insistía en que no había ningún tipo de contacto con los mineros atrapados.

De la misma forma, Andrés Sougarret, jefe de sondajes, decía que no era cierto que se haya tenido contacto con los mineros, y sobre los ruidos que algunos trabajadores dijeron haber escuchado, sostuvo que éstos pudieron ser producidos por rocas.

Por su parte, los mineros atrapados seguían enviando señales hacia arriba de que estaban vivos.

Golpeaban rítmicamente la sonda con martillos, luego la marcan con pintura roja y amarraron al metal una bolsa que conteníae dos mensajes: una carta de Mario Gómez a su esposa y una frase escrita en un pedazo de hoja de cuaderno: "Estamos bien en el refugio los 33".

Como un final feliz, pero sólo era un principio.

Cuando eran las 8:20 de la mañana, Golborne observó un punto rojo en el "martillo de la sonda". Acuerdan mantener esa información en reserva, pero el rumor de que están vivos se disemina por el desierto.

Dos horas después el ministro saca un papel de cuaderno que hace historia. "Estamos bien en el refugio los 33". Los rescatistas desbordan de emoción. Gritan, rezan, lloran y se abrazan. El mundo se impacta.

Sin la información oficial, los familiares recuperaron el optimismo, tras angustiosos días esperando tener noticias favorables sobre el rescate de sus seres queridos y especialmente esa mañana, al enterarse de que una de las sondas estaría haciendo contacto.

La jornada se tornaba cada vez más dramática, la señal abierta de TVN transmitió desde las 7:50 de la mañana, cuando Gonzalo Ramírez informó en vivo que una sonda de aire reverso habría alcanzado los 688 metros de profundidad, quedando a sólo 20 del lugar donde se encuentran los mineros.

Cerca de la 9 de la mañana se les unieron canales locales ,Chilevisión, Mega y Canal 13. Desde ese momento, todas las estaciones transmitieron de forma casi ininterrumpida el resto de la jornada.

También se emitió por la señal internacional del canal estatal.

"Yo me desvelé, y como a las 6:30, cuando supe que la sonda había funcionado, me emocioné. Mis lagrimones dejé salir"

Don Francisco, desde Miami

La emoción crecía contenida, hasta que pasadas las 11 horas TVN mostró el video aficionado registrado por el teléfono de un trabajador de los sondajes. Captaba el momento justo en que André Sougarret, jefe de la búsqueda, escuchaba con un estetoscopio sobre la sonda los golpes que venían desde la profundidad.

No hubo versiones ni confirmación, pero la esperanza se instaló definitivamente en las pantallas de televisión.

¡Están los 33 viejos vivos!". La noticia corría por todo el campamento Esperanza, y las cámaras de TV captaban abrazos en cada rincón

"Contento, alegre, hoy se vienen cosas muy positivas, estamos felices, con el corazón inflado esperando que salgo todo bien",

Señaló un familiar.

María Segovia, hermana de Darío Segovia, señaló que por ahora le da "gracias a todo Chile, a todo el mundo", por que "ya habían sido tres fracasos, tres golpes grandes que nos habían dado".

Un familiar de Florencio Avalos y Renán Avalos se manifestó "contento, porque ya por lo menos hay medio partido ganado, esperamos que el otro medio tiempo sea mejor".

Otra mujer dijo que jamás había perdido la fe y que confiaba en que el rescate tendrá los resultados esperados. "Yo sabía que nos íbamos a despertar con esta noticia, mi corazón me decía que estaban vivos", sostuvo.

Pero el ministro de Minería, Laurence Golborne, seguía llamando a la mesura porque "aún no hay nada concreto".

Había mucho nervio en el ambiente, aún no se daba una información oficial de lo que estaba sucediendo..

ESTAMOS BIEN EN EL REFUGIO LOS 33

Cuando fueron las 15:00 horas y tras reunirse con los familiares de los 33 mineros atrapados en la mina San José, el Presidente Sebastián Piñera confirmó que los trabajadores estaban con vida y mostró la prueba que confirma dicha información.

"El mensaje de nuestros mineros es que están vivos, que están unidos, y que están esperando a volver a ver la luz del sol y abrazar a sus familiares"

Muy emocionado enfatizaba el Mandatario al mostrar la carta escrita por los trabajadores con lápiz rojo.

"No era fácil, pero la esperanza estaba viva. Muchas veces soñé con un día como éste, muchas noches soñé con esa explosión de alegría, emoción y lágrimas de felicidad", agregó.

También dijo que su otro gran deseo decía relación con lo que "va a venir", aludiendo a la ocasión en que los 33 trabajadores sean rescatados desde el interior de la mina.

Destacó la fuerza que aportaba la noticia para las labores de rescate y el sentimiento de unidad nacional que parecía afianzarse.

"Me siento más orgulloso que nunca de ser chileno y de ser el Presidente de Chile. Más orgulloso que nunca",

Especialmente porque Chile estaba ad portas de las celebraciones del Bicentenario.

"Hoy día Chile entero está llorando de alegría y de emoción. Pero lo primero que quiero decirles es agradecer a los mineros por la fuerza, por el valor, por el coraje de haber resistido más de dos semanas en las profundidades de la montaña", añadió.

Fue un momento memorable, todo el planeta celebró la noticia, y el Presidente aprovechó para agradecer a los equipos de rescate, a los ingenieros y a todos aquellos que se sintieron identificados con el dolor de los familiares de los mineros, también indicó que las labores de rescate continuarán su curso, y que en los próximos meses los trabajadores podrían ser sacados desde la mina.

"Vamos a seguir trabajando, tenemos que entubar las sondas para llegar con hidratación, con alimento, con iluminación, con comuni cación", explicó.

PRENSA MUNDIAL IMPACTADA "¡MILAGRO EN CHILE, ESTÁN VIVOS LOS MINEROS ATRAPADOS!"

Medios de España, Estados Unidos, Argentina, Perú y Uruguay destacaron en sus portales web la noticia que confirmó el Presidente Sebastián Piñera.

A tan sólo minutos que el Presidente Sebastián Piñera confirmara la noticia que los 33 mineros atrapados hace 17 días en la mina San José están con vida, la prensa internacional reaccionó rápidamente y destacó la información en sus respectivos portales.

El diario El País de España tituló en su portal web: "Los 33 mineros atrapados a 700 metros de profundidad en Chile siguen vivos tras 17 días",

También el sitio del diario El Mundo encabezó "Piñera confirma que los 33 mineros atrapados en Chile están vivos".

El portal del The Washintong Post abarcó la noticia con las declaraciones de Piñera y con información general desde que se produjo la tragedia.

El diario La Nación de Argentina anunció que "¡Viven!: tras 17 días atrapados, los mineros siguen a salvo".

También en Argentina, el sitio del periódico Clarin apostó por lo divino: "Milagro en Chile: están vivos los mineros atrapados".

El sitio web de La Razón, "Chile: confirman que están vivos los mineros atrapados", tituló el portal.

Los medios peruanos también llevaron la noticia en sus portadas. El portal de El Comercio señaló: "Los 33 mineros chilenos atrapados están vivos a 17 días de su desaparición". En Uruguay, el portal El País encabezó su sitio con la noticia y tituló: "Los 33 mineros atrapados hace 17 días están vivos".

CARTA DESDE LAS ENTRAÑAS DE LA TIERRA

"Estoy bien, gracias a Dios. Espero salir pronto, paciencia y fe. Dios es grande y con la ayuda de mi Dios vamos a lograr salir con vida de esta mina, aunque tengamos que esperar meses para la comunicación".

La frase corresponde a un extracto de la carta que el minero Mario Gómez, de 63 años, hizo llegar desde el fondo del yacimiento San José a su familia y a los rescatistas.

"Les quiero decir a todos que estoy bien y que estoy seguro de que vamos a salir con vida"

Señaló el trabajador en la misiva, al tiempo que indicó que cuentan con luz y agua gracias a un vehículo que se encontraba en el lugar.

Para despedirse le envió un mensaje a su esposa:

"Bueno Lila espero poder comunicarme. Estoy sintiendo nuevamente la máquina del sondaje, ojalá que esta vez llegue".

El jefe de Estado comunicó que se fortalecerán los ductos de las perforaciones, para llegar "con alimentos, con hidratación, con medicamentos, pero con sobre todo, con ese apoyo moral que era lo que más necesitaban nuestros mineros".

ALEGRÍA NACIONAL

Apenas se supo que los 33 mineros atrapados en la mina San José estaban con vida, espontáneamente varios cientos de personas en distintos lugares del país, salieron a las calles a festejar la noticia.

"Es un carnaval, es un carnaval, a los mineros hay que salvar",

Cantaba la multitud en Plaza Baquedano, en Santiago, que comenzó a reunirse a eso de las 15:45 horas.

Se juntaron familias con niños y jóvenes que flameaban banderas que tenían escritas frases como

"Estamos felices" y "Viva Chile y sus mineros".

Muchos también aprovecharon de reciclar las poleras y vuvuzelas del Mundial de Sudáfrica para alentar a los trabajadores.

"Esto es un milagro, estoy emocionada por la fuerza del minero. Es una prueba de vida",

Ingrid Fuentes de la mano con su hijo.

El humorista Palta Meléndez, quien es de Copiapó, también llegó a Plaza Baquedano, donde rezó, cantó y bailó cueca. "La próxima semana me voy a Copiapó a dar apoyo", dijo.

Diversas parroquias hicieron también sonar las campanas de sus iglesias como acto solemne por los mineros. Y en las calles, los automovilistas tocaron las bocinas de sus vehículos para animar el festejo.

"No tengo palabras. Sinceramente creo que es un milagro. Todo Chile se unió en la tragedia y ahora celebramos unidos",

Comentó la conductora Javiera García en Apoquindo con Manquehue, en Santiago.

DÍA 19

23 DE AGOSTO DE 2010

Una epopeya minera

Día 19

Lunes 23 de Agosto de 2010

El hallazgo fue calificado como un milagro y un ejemplo de vida: Una verdadera epopeya minera que provocó llanto, aplausos y emoción.

Personajes de las más diversas áreas se declararon conmocionados. Muchos confidenciaron haber perdido en algún minuto las esperanzas, pero todos alabaron la fuerza de los mineros para no rendirse.

"Me siento llena de fuerza, porque esto es un ejemplo para mí y para todos, para apreciar más la vida y el amor de familia y la amistad".

Verónica Villarroel, Soprano.

"Esto es mucho más importante que haber ganado un mundial de fútbol. La lección de nuestros mineros es que es posible torcerle la mano al destino".

Felipe Cubillos, Fundación Desafío Levantemos Chile

"De regreso de la diócesis de Catamarca, en Argentina, a las 15:30, hora chilena, en el aeropuerto de Córdoba se me acercó una señora para decirme: 'Soy chilena. Acabo de saber que ya se hizo el primer contacto con los 33 mineros. ¡Todos están vivos!'. Me emocioné profundamente y fui a comunicar la noticia a otros chilenos que estaban en la sala de espera. Casi no me salía la voz por la alegría, la gratitud y la emoción.

Después le pedimos al piloto del avión que diera a conocer la información a todos los pasajeros. El aplauso fue cerrado. Conociendo el admirable temple de nuestros mineros nunca perdí la esperanza, si bien toda la operación de rescate se hizo tan difícil.

La buena noticia nos habla de la Providencia sabia y poderosa de Dios, que inspiró los pasos de los mineros de manera que no estuvieran en el lugar mismo del derrumbe cuando éste ocurrió; que nunca perdieran ni la disciplina interior ni social, ni la esperanza en Dios, su Padre y Pastor, y en la comunidad. ".

Francisco Javier Errázuriz, cardenal y arzobispo de Santiago

"Me parece maravilloso que estén vivos, realmente es un regalo. Sinceramente, había perdido la esperanza. Más que nada porque cuando filmamos "Sub terra" bajamos a 500 metros y experimentamos la oscuridad completa que se vive en las minas. Estábamos en Lota y por experimentar hicimos un apagón general. A partir de eso, creía que estar 17 días en esas condiciones no era posible. Afortunadamente hoy sabemos que tenían agua y luz. Creo que ahora la reflexión profunda que debemos hacer como país es si un negocio amerita poner en riesgo la vida de las personas".

Francisco Reyes, protagonista de la película chilena "Sub terra"

"He derramado varios lagrimones con la noticia. Siempre lo he dicho: si ellos están vivos, es porque se dieron ánimo los unos a los otros. Los mineros son gente de mucho aguante y con el humor a flor de piel. En el refugio están sobreviviendo con fortaleza, contándose chistes y mentiras. Tengo fe en que saldrán ilesos todos. Ha sido todo tan emocionante, tan dramático. Este episodio me recordó lo que pasó con los sobrevivientes uruguayos de los Andes. ¡Impresionante! Esta es una noticia que debe emocionar a la humanidad completa. Los mineros son creyentes. Por fuera pueden parecer duros y hoscos, pero su riqueza va por dentro. Que estén vivos es una prueba de su belleza interior".

Hernán Rivera Letelier, escritor

En el campamento Esperanza, al fin terminó la angustia y todos pudieron celebrar, los familias festejaron toda la noche con asados, champagne y música al saber que los mineros están vivos.

"Así celebran los chilenos" decía el alcalde de Copiapó, Maglio Cicardini, quien, junto a los ediles de Caldera y Vallenar, llevó carne y parrillas para un asado que disfrutaron 300 personas del campamento Esperanza. Un campamento en el que no paraban los gritos de alegría. El "ce-ache-í" era seguido por el cántico "vamos, vamos mineros", de las 500 personas que repletaron lo que en estos días se ha convertido en una verdadera ciudadela.

Muchos decían que desde lejos el campamento parece Las Vegas, puesto que las luces de las faenas y las tiendas de campaña no descansaban. La noche anterior por ejemplo, un escenario, una pantalla gigante y música fueron protagonistas de la celebración que se inició luego que se conociera el esperanzador resultado de la búsqueda.

"Esta es la noticia más importante que he recibido en mi vida. No puedo explicar lo que siento", decía Michel Rojas, hijo de Pablo Rojas. La misma sensación tenía María Segovia, quien agradeciendo a la virgen de La Candelaria dijo "siempre supe que estaban con vida. Nunca perdí la esperanza de que voy a volver a ver a mi hermano".

Pese a que los días previos muchos de los familiares intentaron ingresar a la fuerza a las faenas y desesperados increpaban a las autoridades, todo quedó en el olvido y sólo había muestras de cariño para André Sougarret, Miguel Fortt y el ministro Laurence Golborne, quienes se coronaron para las familias como los "héroes" del rescate que ya comenzó.

Cuando el Presidente Piñera mostró el mensaje enviado por los mineros atrapados hace 17 días en la mina San José -"Estamos bien en el refugio los 33"-, una alegría profunda unió a todo el país en una emocionada mezcla de alivio y gratitud ante el resultado de un gigantesco esfuerzo de rescate, respaldado en todo momento por la solidaridad de Chile entero.

Las esperanzas, mantenidas con tesón, pero numerosas veces contrariadas durante más de dos semanas, probaron no haber sido vanas y culminaron ayer de la manera más feliz posible, poniendo fin a la angustiosa espera.

CONTACTO CON LA SUPERFICIE

Aló, habla el ministro, atención mina. -Aló, ministro, un momento, aquí le paso al jefe. ¿Me escucha? -Sí, lo escucho. Páseme al jefe de turno, que es lo más correcto.

Pasadas las 13 horas por primera vez desde el derrumbe, los 33 mineros pudieron establecer una conversación a través de un citófono con quienes encabezan su rescate. Del otro lado, hablaban el titular de Minería, Laurence Golborne, y el ingeniero en minas André Sougarret, quien ha coordinado las labores de auxilio. Fue en ese momento que desde la superficie se pudo saber que, pese las dudas, era el jefe de turno, Luis Urzúa, quien ejercía el liderazgo del grupo, pues fue él quien asumió la vocería de los mineros.

DÍA 20

24 DE AGOSTO DE 2010

Operación rescate

Día 20

Martes 24 de Agosto de 2010

Desde muy temprano, los trabajos de sondaje se sienten con fuerza en el yacimiento San José. Antes de las 08:00 horas ya se podía escuchar el movimiento de las máquinas.

Y es que en este día las actividades se retomaron con energía renovada, tras lograr en horas anteriores, las primeras comunicaciones con los 33 mineros atrapados.

Comenzaba el envío de glucosa, suero líquido, medicamentos y alimentos en forma de gel, ya que la comida sólida podría generarles problemas digestivos.

Pero tan importante como el aspecto energético es el trabajo sicológico con los mineros.

"Eso es una materia que está programa y delegada por equipos técnicos y a partir de este momento se empieza a trabajar en eso", explicó el Ministro Golborne.

Golborne señaló que el apoyo sicólogico "en este periodo va a ser muy importante" por la titánica tarea que se tiene por delante: un rescate que podría demorar varios meses. En el tratamiento no se descarta el uso de tranquilizantes y antidepresivos.

Dicho respaldo también abarcará a los familiares, con mayor fuerza.

"Ha habido un trabajo permanente de sicólogos sobre las familias, que han resistido esta terrible espera, que va a continuar con un nivel de angustia menor, pero igual va a ser una espera agobiante"

Laurence Golborne.

La sicóloga clínica Melva Alfaro, también se encontraba en el campamento levantado por los familiares cerca de la mina, y ella comentaba que están monitoreando el fortalecimiento de las redes de apoyo primario. "Incentivamos que tíos y primos, por ejemplo, contengan a madres, hermanas e hijos. Si estas redes no funcionan, nos tocará intervenir de manera más profunda", explicó la profesional.

"Nos abocaremos principalmente a las situaciones de estrés. Si algo se sale de control y los parientes no pueden contener, normalizamos las emociones. Si quieren llorar, que lo hagan, porque es peor que se contengan y se eleve esa ansiedad", concluyó.

UN GRAN DESAFIO PARA UN GRAN RESCATE

En "un desafío inédito" se ha convertido el plan de rescate para sacar a los 33 mineros atrapados en la mina San José desde el 5 de agosto.

No podrán superar los 90 centímetros de diámetro en sus abdómenes

Deberán realizar ejercicios para que puedan subir por el túnel de rescate

Programa contempla ejercicios en una zona de dos kilómetros que tienen para movilizarse.

Las tres primeras “palomas” fueron recibidas ayer por los atrapados desde el 5 de agosto.

En los próximos días se enviarán alimentos sólidos y a partir de este día en los tubos se enviarán mensajes redactados por los familiares para reforzar la supervivencia en el pique.

El ministro de Salud, Jaime Mañalich, explicó que desde ese momento se inicia un trabajo de coordinación con los mineros para que estén preparados físicamente cuando llegue el día en que sean evacuados.

Las fichas médicas pudieron corroborar que los 33 estaban bien. Tres de ellos presentan heridas leves, pero ninguno con sangramiento. Al reverso de ese cuestionario se dejó un espacio para que los mineros pudieran escribir mensajes a sus familias.

El ministro de Salud explicaba que “los mineros están conscientes de que este trabajo (el rescate) será para largo”. Si bien, no se les había informado el tiempo que tardará el operativo, se fijaron 4 días para terminar la fase de recuperación física para indicar la fase de mantención que consideraba labores físicas, preparación psicológica y alimenticia.

“La seriedad y disciplina con que tienen que enfrentar lo que viene es enorme”, dijo Mañalich.

La primera "paloma" llegó al área en donde estaban los mineros pasado el mediodía. Otras dos, durante la tarde y la noche. "Los suministros que hemos enviado son soluciones semilíquidas, tipo gel, para proteger el sistema digestivo de los mineros", decía la directora del Servicio de Salud de Atacama, Paola Newman.

Las "palomas" también llevarban mensajes a los mineros, que los familiares escribieron para mantener comunicación con los atrapados. "La instrucción fue que escribiéramos mensajes breves, de aliento, para evitar las emociones fuertes en nuestros mineros", dijo María Segovia. "Te queremos mucho. Yo te quiero mucho, y nos veremos al fin en casa. Chao, abuelo, con mucho cariño, Marco", escribió el nieto de Víctor Segovia.

DÍA 21

25 DE AGOSTO DE 2010

El ocio, la peor amenaza

Día 21

Miércoles 25 de Agosto de 2010

Ha llegado carta!!!, gritaba uno de los funcionarios de gobierno en el campamento Esperanza. Y los familiares respondían: "¡¿Para quién?!", haciendo referencia al infantil juego.

Un distendido ambiente para recibir las primeras cartas a sus parientes escritas por los mineros atrapados. Las misivas estaban repletas de emoción. Algunos las guardaron para leerlas en la intimidad. Otros prefirieron mostrarlas. "Viejo, nos queda mucho por delante tú sabes (...) te quiero mucho viejo (...) tienes mucha razón es un milagro y debemos disfrutarlo dando las gracias a Dios, rey y salvador. Te quierooooooo.

Dile a mi mamá que toy bien y que vuelvo pronto. Este turno es el más largo que el otro. Chaoo", dice la carta que Juan Illanes envió a su padre y parientes.

Los familiares regresaron a sus respectivas carpas con los ojos llenos de lágrimas al tener noticias de sus "viejitos". Raúl Bustos, el día del derrumbe no tenía que bajar al yacimiento, pero una falla mecánica lo obligó a entrar. En una emotiva carta le contó a su esposa Nora Narváez los dramáticos momentos que vivió tras el derrumbe "Ya sabras q las palabras q mandaste me hicieron llorar, bueno nose como decirte q siempre han estado conmigo (...) Mi Dios nos dejo vivos de milagro y con un propósito. Aquí casi desmayado oraba y pedía por todos que si pasaba algo lo tomaran bien, porque en un momento ya pensaba que romperían las herramientas el cerro (...) No sabes la alegría que teníamos te amo amor y a mis hijos y por supuesto a toda la familia que armamos los Bustos y Narváez. Me he acordado de todos (...). Eso si, falta mucho para que nos saque (ilegible)".

Nora se emociona y sólo atina a decir: "Siempre supe que estaba vivo".

EL OCIO, LA PEOR AMENAZA

Otro aspecto que se consideró como crucial era que los mineros fueran capaces de manejar y administrar adecuadamente el abundante tiempo libre que tuvieron durante el periodo que estarán esperando que los rescaten.

La mente del ser humano está hecha para mantenerse en actividad, ocupada y enfocada y cuando la persona hace cosas que le demandan atención y concentración no siente el paso del tiempo. Por el contrario, las personas, especialmente las que están recluidas, si no ocupan de manera constructiva el tiempo van a terminar emocionalmente muy dañadas, pues tienden a llenarse de pensamientos pesimistas, ansiosos y depresivos.

Incluso los expertos dijeron que, si este punto no se manejaba adecuadamente, los mineros podrían llegar a manifestar conductas agresivas entre ellos mismos. El ocio aumenta las probabilidades de sentirse aburrido, molesto, desesperado y eso es caldo e cultivo para las peleas.

Ante esta situación, había que mantenerlos permanentemente ocupados, pero como las actividades que entretienen a las personas son muy subjetivas, fue necesario involucrarlos a ellos en las decisiones y no decidir por ellos. Había que preguntarles qué actividades querían hacer, en qué querían emplear su tiempo, su participación tenía que ser muy activa en todo lo que fuera posible.

DÍA 22

26 DE AGOSTO DE 2010

Vidas al límite

Día 22

Jueves 26 de Agosto de 2010

Los 33 trabajadores atrapados se organizaron en tres grupos para colaborar con las faenas de su propio rescate que se realizaban desde el exterior. Uno está encargado de la recepción y despacho de las "palomas", otro de la higiene en la galería y el último de la seguridad.

Esta organización apuntaba a definir turnos con roles determinados e integrar a los mineros en todo el operativo de rescate.

La misión del primer grupo era recibir las "palomas" y en un rango aproximado de 5 minutos sacar la ayuda para enviar luego sus propias cosas al exterior (cartas, encuesta médica, muestras de agua, orina, etc.).

Otra cuadrilla la conformaban mineros a cargo de la seguridad, quienes debían detectar desprendimientos de rocas ante el trabajo de la segunda sonda, que llegó al área en donde ellos estaban. Además, tenían que fortificar el túnel y evitar que los mineros se alejen del grupo.

En el último grupo estaban los responsables de la situación médica y limpieza en la rampa. Focalizaban los puntos para hacer deposiciones y monitoreaban el estado de sus compañeros.

Entre estos últimos, la labor de Yonni Barrios, sería de gran relevancia, trabajaba hace 25 años en la minería con conocimientos de paramédico. Aprendió a poner inyecciones y monitorear enfermedades crónicas por una diabetes de su madre. Incluso llegó a ser el encargado de vacunar a todos los vecinos del barrio en Copiapó. Así lo supo el equipo de rescate, que lo contactó para que sea el oficial médico dentro de la mina. Su labor se centró en el control de sus compañeros y las encuestas médicas. También pondría las vacunas.

En general, los 33 mineros tenían buen estado de salud y ánimo, mientras que sólo un par registraba irritaciones en la piel producto de algunas lesiones.

VIDAS AL LIMITE

La preocupación del ministro de Salud, Jaime Mañalich, es por la reacción de los 33 mineros atrapados en los próximos días, tras el golpe anímico por ser localizados, les podría venir un periodo de bajón anímico por la falta de contacto normal con sus familias.

Contactaron a los mineros y se les exigió que cumplan con las siguientes pautas, no negociables:

Respeto por los liderazgos. Tres son los líderes ya definidos: Luis Urzúa, Johny Barrios y Mario Gómez. A ellos se les empoderará para tomar las decisiones que involucran al grupo.

El jefe de turno el día del derrumbe, Luis Urzúa, será quien encabezará a los 33 mineros. De acuerdo a las conversaciones mantenidas, tiene el respeto y es escuchado por los subalternos.

Como responsable de los informes médicos y de administración de fármacos se designó a Barrios. Por su experiencia en técnicas de enfermería.

Mario Gómez, quien se hizo famoso por las cartas románticas que le enviaba a su esposa.

"Tienen un espíritu de equipo de potente. Se puede apreciar en todas las imágenes que hemos visto en la TV.

Luis Urzúa está validado por sus trabajadores y su situación en este minuto es bastante firme. Así que esperamos que el equipo se mantenga cohesionado en ese sentido para poder avanzar en el esquema de vida rutinario que se les va a ir imponiendo progresivamente".

Dr. Jorge Díaz, director de la Asociación Chilena de Seguridad de Copiapó

Los especialistas también acordaron exigirles que se cumplan horas de sueño, de inicio de actividad laboral, comidas, recreación y reposo.

No se les suministraría electricidad para evitar posibles cortocircuitos o incendios. También se les prohibió que usen los vehículos con que contaban para no contaminar el aire.

Podrían hacer ejercicio, pero no deambular por la mina para evitar accidentes. "Una herida menor en las condiciones de humedad que hay abajo puede provocar un problema mayor que queremos evitar", dice Díaz.

En los casi dos kilómetros que tienen de espacio, tendrían tres sectores claramente definidos y separados unos de otros: dormitorios (sólo pueden ser usados para dormir o reposar), sala de reunión (para comer, recrearse, recibir alimentos o conversar entre ellos o con sus familiares) y baños.

Aunque eso ya lo habían hecho los mineros por cuenta propia.

Lugares para estar solos no eran recomendables, según Díaz. Lo mejor es la compañía de sus compañeros debido al delicado estado emocional que podrían estar pasando.

"Es muy probable y recomendable que en algún momento se quiebren emocionalmente, Necesitamos que liberen emociones". según el experto.

Para que se sientieran acompañados, los sicólogos y médicos pensaban que lo mejor era armar parejas de a dos entre los mineros, para se vayan turnando en el cuidado del uno y el otro y si era necesario, los sicólogos intervendrían cuando alguien lo requiriera de manera más personalizada".

Para manejar los episodios de estrés o depresión, se les suministraban fármacos.

Se potenciaría las habilidades de cada trabajador, al igual como ocurrió con el surgimiento de los liderazgos espontáneos. "Si alguien cree tener habilidades como prestidigitador, le podemos enviar cartas para que las use", explicaba Díaz.

La idea era generarles actividades para que tuvieran una vida lo más normal posibles.

La actividad física no era intensiva, pero sí obligatoria para evitar las atrofias musculares. Realizaban abdominales que les permitiría disminuir el perímetro de cintura.

DÍA 23

27 DE AGOSTO DE 2010

El video que impactó al mundo

Día 23

Viernes 27 de Agosto de 2010

Yonni Barrios, desde el interior de la mina, se estaba convirtiendo en pieza clave para el proceso de rescate. "Él es nuestros ojos, manos y oídos", decía el ministro Jaime Mañalich sobre la crucial labor que estaba realizando en las profundidades del yacimiento San José. Aunque estaba atrapado a 688 metros de profundidad, enviaba evaluaciones clínicas al equipo de superficie, las que indicaban que los 33 mineros atrapados desde el 5 de agosto estaban sufriendo deshidratación y una desnutrición aguda.

COMIENZA LA INSTALACIÓN DEL PLAN B

Los expertos de Codelco y el Gobierno comenzaron a desarrollar el llamado plan "B" en caso de que falle la perforadora Strata 950.

A pesar de que la Strata 950 era la solución principal y única hasta ese momento, se empezaron a analizando diversas opciones para contar con otras maquinarias para acelerar la construcción de vías de rescate de los trabajadores atrapados. La idea era que el plan alternativo se desarrollara de todas maneras. No podían jugarse por una sola vía.

La opción que sumaba más adeptos entre los expertos era la máquina perforadora modelo T-130, que tenía la empresa minera Inés de Collahuasi, en la Región de Tarapacá. Su diámetro de perforación alcanza los 50 centímetros (20 pulgadas) y tiene un avance más rápido que la Strata 950, la que en promedio tiene un avance de seis metros al día. Su labor sería ensanchar el agujero que realizó la tercera sonda, que en la madrugada había llegado a la zona en donde estaban los mineros.

IMPACTANTE VIDEO DA LA VUELTA AL MUNDO EN MENOS DE 24 HORAS

A horas de conocerse las reveladoras imágenes de los mineros atrapados en el yacimiento San José, que mostraban la forma en que han debido combatir el aburrimiento, las intensas sensaciones y la lejanía de sus seres queridos, los diarios de todo el mundo consignaron el material en sus primeras páginas.

El Mundo de España, destacó el video en alta definición y daba la posibilidad a sus lectores de revisarlo desde la misma portada. En los textos que acompañaban las imágenes, se destacaba la pérdida de peso y suciedad de los trabajadores, la alegría que los acompaña pese a sus precarias condiciones y el nivel de organización al que llegaron.

También en portada, el Clarín de Argentina mostró el video captado a 700 metros de profundidad. Además, mediante un archivo de audio, la corresponsal del medio reparaba en el calor existente, que obligaba a los mineros a permanecer con el torso descubierto.

El periódico Bild de Alemania, en su portada tenía a disposición el video, junto a un texto que contaba sobre el juego de dominó elaborado por los 33 pirquineros a base de papel.

El diario the Guardian de Inglaterra, destacó en su portada el buen estado anímico de los hombres, reproduciendo sus gritos y la entonación del himno nacional.

The Washington Post, de Estados Unidos, mostraba el video en la parte más destacada de su portada, sin mayores explicaciones.

El diario El País, de España, también subió el video en su portada, llamando la atención de inmediato por el gran espacio que ocupó.

A estos medios se sumaron otros de todo el mundo.

Día 24

Sábado 28 de Agosto de 2010

La Moneda, casa del Gobierno de Chile, comenzó a buscar fórmulas para reducir el tiempo de rescate de los mineros atrapados y se están barajando al menos tres alternativas. Para acelerar las faenas, en este día llegó un motor desde Alemania que potencia el trabajo de la excavadora Strata 950.

El Presidente Sebastián Piñera, bautizó el rescate como "operación San Lorenzo" y se transformó en una carrera contrarreloj para La Moneda. En especial, luego que comenzaran a detectarse las primeras señales de deterioro físico de los trabajadores. En los análisis de gobierno estaba presente que el éxito de la primera etapa del rescate podría ensombrecerse ante los riesgos vitales que suponía la demora en sacarlos a la superficie.

En la búsqueda por reducir los plazos, La Moneda sondeó al menos tres opciones nuevas. La primera era el arriendo de una segunda Raise Borer Strata 950, que se activaría ante la eventualidad de que su gemela en funciones sufriera algún desperfecto durante la fase de rescate. La segunda alternativa era el empleo de la máquina T-130 que se usaría en el ensanchamiento del pozo de la tercera sonda que llegó al taller de la mina. Y la última -que menos adeptos concitaba, debido a los riesgos que implicaba- era una máquina de tecnología petrolera que tiene una velocidad mayor de excavación y que reduciría a 45 días el rescate, pero que funciona generando grandes toneladas de lodo que podrían saturar el espacio en el que permanecen los mineros.

LA HUMEDAD SE CONVIERTE EN EL MAYOR AGENTE DE RIESGO

Los mineros ya no declaraban tener sed, según el ministro de Salud, Jaime Mañalich, cuando evaluó el avance del operativo médico que se activó el domingo tras hacer contacto con ellos .

En el equipo que trabaja en el rescate "Operativo San Lorenzo", los inconvenientes que empezó a generar la alta humedad en el interior del túnel (95%) desplazó los problemas de desnutrición aguda y deshidratación. En los últimos días se acumuló una gran cantidad de agua en la zona que ocupaba el grupo por las perforaciones que realizaron las máquinas con el sistema diamantina. Se calculaba que unos 80 mil litros de agua de napas subterráneas cayeron hacia las galerías. El barro y la concentración de humedad propicios para el cultivo de gérmenes provocó en dos de los trabajadores piodermitis (escamación), que fueron tratadas con medicamentos y cremas.

"Si se trasladan un poco y logramos poner un flujo de aire fresco desde el exterior, la temperatura podría bajar, y eso sería muy bueno para la salud de los 33 mineros atrapados, porque la humedad también podría disminuir y así evitaríamos las complicaciones",

Ministro de Salud, Jaime Mañalich,

El problema era que la posibilidad de enviar aire comprimido a través de las otras dos sondas que llegaron al área en donde estaban los mineros no se concretaría hasta, al menos hasta el día siguiente.

"Mantenidos en esta forma, significa que hay riesgo de deshidratación. Hay un cuadro muy específico que se asocia a la destrucción de los músculos, producto de estos choques de calor, que pueden significar un compromiso de la función renal, que afortunadamente no ha ocurrido. Y el riesgo más importante que enfrentamos es el de las infecciones", decía el secretario de Estado.

Para combatir estas situaciones se elaboró un protocolo de atención en el que hay exámenes y luego el envío de cremas, ungüentos y medicamentos específicos, según el tipo de malestar.

Para resguardar el cuerpo de los mineros también se envió a través de las "palomas" una muda de ropa para cada uno.

Además, se evaluó cómo enviarles calzado nuevo, ya que los que tenían estaban mojados y muchos registraban heridas en los pies producto del roce con las piedras, porque habían tenido que desplazarse descalzos por las galerías.

1.200 calorías cada uno consumieron los 33 mineros, en tres raciones, las que contenían plátanos, miel y almendras. Cinco litros de agua al día tenían que consumir los trabajadores.

Día 25

Domingo 29 de Agosto de 2010

El papa Benedicto XVI recordó esa mañana con "particular afecto" a los mineros atrapados en el yacimiento de San José, en Copiapó, y les pidió que mantengan la serenidad en espera de ser rescatados.

Tras el tradicional rezo del Angelus dominical que celebró en la residencia de Castel Gandolfo, Benedicto XVI dijo en español.

"A ellos y a sus familiares los encomiendo a la intercesión de San Lorenzo, asegurándoles mi cercanía espiritual y mis continuas oraciones, para que mantengan la serenidad en la espera de una feliz conclusión de los trabajos que se están llevando a cabo para su rescate"

Papa Benedicto XVI

DÍAS DE VACUNA

Una nueva misión comenzó a efectuar Johny Barrios, el minero que cumplía el rol de enfermero entre los 33 trabajadores, durante el día anterior debió vacunar a sus compañeros contra el tétanos y la difteria, dosis que se debería repetir en los próximos 30 días a todos los trabajadores que hayan nacido antes de 1975.

Al día siguiente los vacunó contra el neumococo y el miércoles contra todo tipo de influenzas.

Aunque, en el sistema normal estas vacunas se ponen un poco más espaciadas, dadas las condiciones y la urgencia de protegerlos, se adelantaron los plazos de vacunación.

La decisión del Ministerio de Salud radicó en que los trabajadores habían estado sometidos a una humedad importante, pero que también existían riesgos por los envíos que se le hacen a través de las palomas. A pesar de que se estaban extremando las precauciones de asepsia en el manejo de los envíos, podía ocurrir que algún microorganismo exógeno les pudiera llegar al lugar donde se estaban instalando.

PRIMER CONTACTO ENTRE MINEROS Y SUS FAMILIARES

El primer contacto entre mineros y sus familiares generó momentos de gran emoción, tras varios días de espera, se concretó la comunicación. Los familiares, que hacía 24 días pernoctaban en el refugio "Esperanza" esperando conocer novedades de sus seres queridos.

"Las familias han tenido la ocasión de poder comunicarse telefónicamente con ellos, así que han sido momentos de gran emoción, ha ido un representante de cada familia, así es que hemos podido percibir la alegría que tienen cada uno de ellos",

Ximena Matta, Intendenta de Atacama

Esteban Rojas reiteró la propuesta de matrimonio a su pareja Jessica Yáñez, con quien se casó hace 25 años, pero sólo por el Registro Civil.

"Se ha reiterado la propuesta de matrimonio entre uno de los mineros y su pareja, que se había hecho el otro día por escrito, pero ahora telefónicamente", dijo la Intendenta.

Los familiares escucharon con mucho ánimo a los trabajadores, sentían y percibían que se encontraban bien y había sido un momento muy importante, que sin duda, a ellos también los fortalecería desde el punto de vista anímico.

Día 26

Lunes 30 de Agosto de 2010

La "operación San Lorenzo" entró en su fase decisiva, la perforadora australiana Strata 950 comenzó a romper la roca del yacimiento San José para hacer un ducto de 66 centímetros de diámetro y 688 metros de profundidad por el cual se pretendía rescatar a los 33 mineros atrapados desde el 5 de agosto.

Se daba inicio a la "Operación San Lorenzo", bautizada así por el Presidente Sebastián Piñera en referencia al santo patrono de los mineros, esta maniobra, que demoraría cerca de 4 meses en terminar el pozo, contemplaba el uso de seis jaulas para transportar a los trabajadores una vez que se lograra contactarlos.

Paralelamente, dos sondas más trabajarían en el restacte como parte de un "plan B" en caso de que falle la Strata 950.

APOYO DESDE LA ONU

El secretario general de la ONU, Ban Ki-Moon, expresó su apoyo y confianza en que se logrará el rescate de los 33 mineros atrapados desde el 5 de agosto en el yacimiento San José.

"El secretario general quedó asombrado y encantado cuando supo que los 33 mineros estaban a salvo", dijo en un conferencia de prensa el portavoz de la ONU, Martin Nesirky.

También pidió que le transmitieran a los mineros que "está con ellos durante estos duros tiempos que se avecinan y que confía en que aguantarán y se mantendrán firmes".

DÍA 27

31 DE AGOSTO DE 2010

Lamentable Record Mundial

Día 27

Martes 31 de Agosto de 2010

Expertos de la NASA llegaron a Chile, pasadas las 6 de la mañana a apoyar las labores médicas de los 33 mineros atrapados.

La embajada norteamericana indicó que todos los profesionales trabajan en el Centro Espacial Johnson.

Los expertos estadounidenses fueron recibidos por Juan Fernando Acuña, de la Agencia Chilena del Espacio y durante toda la mañana tuvieron reuniones de coordinación, y al mediodía fueron recibidos por los ministros de Salud y Minería.

Posteriormente, volaron a Atacama para constatar la situación en terreno.

PROBLEMAS DIGESTIVOS Y SUEÑO

Pese al buen estado de salud general en que se encontraban los 33 mineros, algunos de ellos empezaron a presentar problemas digestivos y alteraciones del sueño.

Habían cinco trabajadores que presentaban problemas digestivos, debido al largo período de inanición que debieron enfrentar.

En los casos puntuales de alteraciones del sueño, lo que se hizo fue tratarlos con ejercicios de respiración.

Hasta ese momento les habían enviado 15 camas inflables al fondo del yacimiento para que reemplacen sus improvisadas camas de cartón y pudieran descansar más cómodamente. El resto de las camas inflables demoraría cerca de un día completo en llegar hasta el lugar donde se encuentran los mineros.

LAMENTABLE RECORD MUNDIAL

Aunque lo realizado hasta ese momento por los 33 mineros que permanecían atrapados en el fondo de la mina San José ya había superado todas las expectativas, en ese día se sumó un nuevo dato para ensalzar la hazaña.

Los trabajadores se convirtieron en los mineros que han resistido atrapados durante más tiempo en la historia mundial reciente.

De esta forma, superaron en tiempo a los tres mineros que el año 2009 lograron sobrevivir durante 25 días al interior de una mina inundada al sur de China.

Otro caso conocido es el de dos mineros australianos que en 2006 fueron rescatados con vida tras estar 15 días atrapados a un kilómetro de profundidad en una mina de Tasmania, luego de que un terremoto destruyera los túneles.

En esa oportunidad, fueron tres los trabajadores que quedaron atrapados, pero uno de ellos falleció mientras se encontraba al interior del yacimiento. Los que lograron salir contaron que pudieron sobrevivir chupando el agua de las paredes hasta el quinto día, cuando fueron hallados y se les empezó a enviar agua y alimento a través de tubos.

En abril del año 2010 ocurrió otro caso llamativo, en que 115 mineros chinos fueron rescatados desde una mina de carbón, donde estuvieron atrapados nueve días.

Pero también hay registros más antiguos. En 1891, fueron rescatados con vida cinco de los 18 trabajadores que quedaron encerrados en una mina de Pennsylvania, luego de que un torrente de agua derribara parte del yacimiento.

Día 28

Miércoles 1 de Septiembre de 2010

Un nuevo video de 25 minutos fue mostrado a familiares: Bañados, afeitados y de buen ánimo estaban los mineros.

"Si hay algún productor, que nos haga una grabación". Con esa frase, y en un ambiente distendido, el minero Mario Sepúlveda, de gran desplante y manejo comunicacional, terminó el video donde enviaron un nuevo saludo a sus familias.

El material fue mostrado a los familiares en forma privada. Y a los pocos minutos ya estaba en internet.

Más aseados, afeitados y luciendo nueva ropa, como poleras rojas, shorts, calcetines y zapatos, y la mayoría de ellos sin sacarse el casco de trabajo, uno a uno fueron entregando mensajes de optimismo.

"Los 33 estamos agradecidos de Chile entero (...) orgullosos del cobre y la minería", añadió Sepúlveda.

En la superficie hubo reacciones de felicidad e impaciencia por el rápido rescate.

NASA VALORA LA ORGANIZACION

Sorprendidos por la organización de los 33 trabajadores atrapados en la mina San José y por el nivel de detalles considerados en las labores de rescate se mostró el equipo de expertos de la NASA que llegaron al país.

Los cuatro especialistas que componían el grupo -dos médicos, un psicólogo y un ingeniero- revisaron el video enviado por los mineros al exterior con el fin de verificar su condición.

"los esfuerzos médicos han sido excelentes, tratando de cubrir las necesidades de los mineros en salud e higiene. Estoy muy impresionado por el nivel de detalle de lo que se ha implementado".

James Michael Duncan, subjefe médico de la NASA y especialista en enfermedades pulmonares.

El especialista dijo que esta experiencia servirá de aprendizaje para futuros trabajos de NASA.

Día 29

Jueves 2 de Septiembre de 2010

La perforadora Strata 950 llegaba hasta los 41 metros de profundidad en la mina San José, mientras la otra identificada como T-130 llegaba en las últimas horas a Copiapó para activar el "plan B2 de rescate.

Los especialistas decían que la T-130 avanzaría más rápidamente que la Strata, cuyo tiempo estimado para llegar hasta donde están los mineros es de entre tres y cuatro meses.

La Oficina Nacional de Emergencia confirmaba que el suministro de comida caliente, que se inició el miércoles, tuvo muy buena recepción entre los mineros afectados. En adelante se les suministraría alimentación normal con un suplemento proteico una o dos veces al día, dependiendo de la cantidad que se deba agregar a la dieta. Los mineros que presentaban problemas de digestión ya se encuentran en buenas condiciones. Sin embargo, algunos de ellos comenzaron a sentir molestias odontológicas. A los tres trabajadores que presentaron lesiones menores en la piel, se les tomaron fotografías para realizar un análisis más detallado.

En tanto, un sistema de fibra óptica empezará a funcionar en el yacimiento, lo que permitiría obtener información relevante para la seguridad de los trabajadores, en especial sobre una filtración de agua hacia la galería en la que se encuentran. La fibra óptica facilitaría también que los médicos, desde la superficie, siguieran la evolución del estado de salud y del estado de ánimo de los 33 mineros, 32 chilenos y 1 boliviano.

TERCERA OPCION

Sin cambiar los plazos para el rescate final de los 33 mineros, el Gobierno decidió sumar a los equipos de salvataje una tercera perforadora. Sería una máquina de perforación petrolera en base a tricones, que pertenece a la Empresa Nacional de Petróleo (ENAP).

FUERTES Y SANOS DE ALMA

El ministro de Salud, Jaime Mañalich, se reincorporó a la Operación "San Lorenzo" para supervisar en terreno junto al equipo de la NASA las labores de apoyo a los 33 mineros atrapados en la mina San José.

"Ellos están fuertes como roca, sanos en su alma, firmes, quieren salir adelante, y eso es una noticia muy importante, en esta primera fase, que hemos denominado de estabilización", dijo el Ministro.

Los mineros fueron separados en 11 grupos de tres personas, con el objetivo de que se cuiden entre ellos al interior del yacimiento, tanto para el apoyo médico como para la contención sicológica en caso de que alguno se desanime.

Al enfermero Yonni Barrios, uno de los 33 mineros atrapados, le reforzaron sus conocimientos y prácticas en curaciones, primeros auxilios, tomas de exámenes de sangre, vacunas y manejo de problemas estomacales por el cambio de dieta.

DÍA 30

3 DE SEPTIEMBRE DE 2010

Llega la T-130

Día 30

Viernes 3 de Septiembre de 2010

Analizaremos un Plan C, D y los que fuesen necesarios hasta llegar a liberar a los mineros, decía André Sougarret, era su forma de confirmar que además del trabajo de la Strata y de la máquina T-130, se evaluaban otros planes de rescate más para los mineros.

LLEGA LA T-130

Cerca del mediodía llegó a la mina San José, escoltada por policía, la perforadora T-130, que iniciaría el "Plan B" de rescate de los 33 mineros atrapados.

Sería montada en una plataforma para comenzar a perforar utilizando un sondaje ya realizado, el que llega hasta el taller de la mina.

La T-130 fue recibida con muestras de alegría y emoción por parte de los familiares de los trabajadores que permanecían en el campamento Esperanza, quienes salieron de las carpas a recibirla con banderas chilenas y aplausos.

En tanto, la Strata 950, volvía a funcionar en la madrugada luego de que el día anterior debiera paralizar sus faenas con el fin de reforzar su ducto con cemento.

ENDULZAN LA VIDA DE MINEROS

De comer dos cucharadas de jurel cada 48 horas, los 33 mineros atrapados incluso se dan el lujo de regodearse. "Uno devolvió el postre y nos escribió en un papel que no le gustó la compota de manzana", dijo el doctor Jorge Díaz.

La anécdota causó gracia entre los rescatistas que se preocupaban por el régimen nutricional de los trabajadores que ya estaban acaparando la atención internacional.

Cuando se logró hacer contacto con los 33 obrero después de 17 días sin comunicación, los especialistas estaban inquietos por la deshidratación y desnutrición leve que presentaban. Pero ya superada esa etapa, ahora la atención estaba puesta en alimentarlos de forma balanceada para que no se excedan en el peso y puedan devolverlos a la superficie por el ducto de 70 centímetros que se está excavando para el rescate final.

La dieta de este día viernes, por ejemplo, incluyó al desayuno 1 lata Supportant (concentrado proteíco) más pan con miel de abejas. De tentempié o colación, degustaron mote con huesillos; de almuerzo, repollo con arroz graneado, más pera de postre; de once, otra lata Supportant, además de paté y para despedir la noche, la cena incluye fideos y leche asada. El mote con huesillos y la leche asada no es lo único dulce que han recibo esta semana. También han recibido barras de Super 8, galletas de vino y para el sábado se les "premiará" con compota de pera con pasas y nueces.

El doctor Díaz dice que "endulzarles" la vida a los mineros, que estarán entre tres y cuatro meses encerrados a 700 metros bajo tierra, tiene un componente sicológico.

"Desde el punto de vista anímico, es positivo consumir estos dulces y también tiene un efecto relacionado con el (manejo) del estrés. Queríamos variar el origen de los hidratos de carbono mejorando un poquito el número de calorías (con los dulces)", detalló el doctor.

NASA DESTACA LABOR DE RESCATE

El subjefe médico de la NASA James Michael Duncan, decía que uno de los principales inconvenientes que podrían presentar los 33 mineros sería la falta de vitamina D, debido a la carencia de iluminación en la zona en la que se encontraban y podrían verse afectados con alteraciones metabólicas.

Por otra parte, destacó el trabajo que se estaba llevando a cabo para el rescate de los mineros, alabando las labores alimenticias y nutricionales. Dijo que el camino elegido para el rescate era el adecuado, ya que había un equipo de ingeniería capacitado para llevarlo a cabo, mientras que ellos llegaron a ver la parte médica para que el proceso fuera lo más sano posible.

DÍA 31

4 DE SEPTIEMBRE DE 2010

Primera videoconferencia

Día 31

Sábado 4 de Septiembre de 2010

Cuatro de los 16 sobrevivientes uruguayos de la tragedia de Los Andes llegaron a Copiapó y se dirigieron a la mina San José, para entregar un mensaje de aliento a los 33 mineros atrapados y a sus familias.

José Luis Inciarte, Gustavo Zerbino, Pedro Algorta y Ramón Sabella compararon la experiencia que vivieron en 1972, cuando el avión en que viajaban desde su país a Chile se estrelló y superaron 73 días en la cordillera.

"Es una situación similar a la que nosotros vivimos allá en la montaña hace tanto tiempo, y hemos querido venir acá para entregar solidaridad a las familias de ellos para que tengan esperanza que ya van a salir adelante", señaló Algorta a una radio local.

Sabella, por su parte, dijo que siempre tuvo la esperanza de que ellos estaban vivos. "Son viejos zorros, conocen su medio, saben manejarse dentro de las minas y tuvieron la suerte de que no les pegaron las rocas".

PRIMERA VIDEOCONFERENCIA

Cerca de las 16.00 horas comenzó la primera videoconferencia entre los 33 mineros atrapados en el yacimiento San José y sus familiares reunidos en el campamento "Esperanza".

Cada trabajador pudo comunicarse con tres integrantes de su familia durante un minuto, cuando casi cumplen un mes desde que el derrumbe los dejara a 700 metros bajo tierra.

"Fue muy emocionante. La verdad es que daban ganas de sacarlo de ahí de la pantalla.

Se ven bien. Ellos no nos veían a nosotros, pero queríamos verlos a ellos", riendo que le pidió a su hijo *"que adelgazara para que pudieran sacarlo"*.

Antonia Godoy, madre del minero Richard Villarroel

DÍA 32

5 DE SEPTIEMBRE DE 2010

Un mes bajo tierra

Día 32

Domingo 5 de Septiembre de 2010

Momentos de gran emoción se vivieron en el yacimiento San José. Tal como se había adelantado, los cantos y las bocinas sonaron con fuerza en el campamento Esperanza minutos antes de las 14.00 horas, justo cuando se cumplió un mes del derrumbe que dejó a los trabajadores a 700 metros bajo tierra.

Los parientes fueron acompañados por el ministro de Minería, Laurence Golborne, quien izó una bandera en un cerro y con megáfono en mano mencionó el nombre de cada uno de los obreros, que hacía dos semanas fueron contactados por los equipos de rescate.

Las lágrimas aparecieron nuevamente en los rostros de los familiares, al recordar el día del accidente que puso en peligro la vida de sus seres queridos.

"Volvimos al principio (...). Nos duele a todos como familia y a lo mejor ellos también están con su dolor abajo, pero vamos a salir adelante, porque no vamos a flaquear"

Hermana de Víctor Segovia

El ministro Golborne resaltó que se conmemoraba un mes "de que estos 33 valientes hombres" quedaron aislados.

"Es un momento de emoción, de recogimiento, no de celebración, de esperanza de que logremos en el menor tiempo posible traerlos a la superficie y devolverlos a sus familias y poder terminar esta labor de rescate,

Estamos trabajando duramente en esa dirección y esperamos completar este proceso en los próximos meses. Se están evaluando distintas opciones técnicas que van a ser presentadas esta noche para conocimiento de la población y evitar algunos rumores que han salido"

Ministro Golborne

PLAN B

La máquina del plan alternativo o "B" comenzó a cavar una nueva galería en la mina San José para continuar con las labores de rescate, en paralelo a la que ya estaba trabajando en el 'plan A', la 'Strata-950', que llevaba 67 metros cavados de un total de los 702 que tenían que perforar para llegar hasta donde están atrapados los mineros.

Ese día los mineros tuvieron por primera vez un contacto "cara a cara" vía circuito de TV con sus familias.

El día anterior las familias se habían comunicado por el circuito de TV, pero la imagen iba en un solo sentido: los familiares veían a los mineros, sin que éstos los vieran de retorno.

Esta vez el encuentro fue "cara a cara", y duró 5 minutos para cada familia.

DÍA 33

6 DE SEPTIEMBRE DE 2010

Odisea se llevará al cine

Día 33

Lunes 6 de Septiembre de 2010

La historia de los 33 mineros atrapados en la mina San José aún no se terminaba de escribir, y el cineasta chileno Rodrigo Ortúzar ya estaba grabando imágenes para una película que narrará el episodio .

El director anunció que el dinero que se recaude con la cinta será destinado, en su totalidad, a la educación de los hijos de los mineros.

"Toda la plata que se recaude, toda, ni siquiera un porcentaje, todo el dinero que se recaude de la taquilla en Chile va a ir directamente a una fundación que se va encargar de velar por la educación de los hijos de los mineros",

Rodrigo Ortúzar, cineasta chileno

En la cinta participarán actores chilenos populares y también actores de la zona, por lo que iniciaron un proceso de casting en el lugar. La idea es buscar en el norte gente con rasgos y además con aptitudes histriónicas que les permitan representar algunos de los mineros que están en el fondo de la mina, y tener un 10 por ciento de actores más conocidos que le den más fuerza a la trama dramática.

AVANCES

La Strata 950 bordeaba los 100 metros de profundidad, mientras que la T-130 -denominada "Plan B"- alcanzó esa jornada los 26 metros.

Las dos máquinas perforadoras que trabajaban en el rescate de los 33 mineros atrapados en el yacimiento San José, avanzaban con normalidad.

Día 34

Martes 7 de Septiembre de 2010

La Prensa extranjera comenzó a abandonar la mina San José, pero volvería para el rescate.

"Esta es la mejor historia para contar en el mundo este año, sin duda".

Thiago Jock, de la Red O Globo de Brasil

Este periodista, como decenas de la prensa extranjera, llegaron una vez que el mundo se enteró de la sobrevivencia de los mineros tras el derrumbe del 5 de agosto. Sin embargo, la mayoría comenzó el retorno a sus países de origen.

"Nunca había existido un accidente así, y que después se los contactara vivos. Hubo una persona que envió una carta a mi diario, pidiendo a Japón tecnología para sacar rápidamente a los mineros, por eso estoy aquí",

Sumira Kunieda, del diario Mainichi Newspaper.

Pero no todos se fueron, algunos medios establecieron bases para quedarse hasta el rescate.

"La verdad es que todos los días pasan cosas aquí y nosotros queremos cubrir la historia completa"

Patrick Oppmann, CNN.

CHILE V/S UCRANIA EN DIRECTO A 700 METROS BAJO TIERRA

Con el mismo sistema que los mineros pudieron comunicarse vía teleconferencia con sus familiares, vieron en directo, el partido Chile-Ucrania. Así, los rescatistas cumplieron con uno de los deseos más anhelados por los mineros más futbolizados. A través de una fibra óptica se les envió al interior de la mina una señal de TV satelital, la cual se proyectó en una pantalla que simuló un televisor de 50 pulgadas.

Ese día la televisión chilena, mostró imágenes, que se vieron sólo en blanco y negro, con los mineros portando una bandera chilena, sonrientes y de buen aspecto físico.

Se vio también a Franklin Lobos, un ex futbolista del torneo local con un fugaz paso en la selección y que formaba parte del grupo de 33 mineros atrapados, haciendo un comentario del partido a través de un teléfono instalado dentro de la mina.

"Yo creo que tenemos mucho futuro", señaló el ex futbolista, pese a que la selección nacional perdió 1-2 frente a Ucrania, en un duelo jugado en el marco de la preparación del combinado nacional para la próxima Copa América.

Día 35

Miércoles 8 de Septiembre de 2010

El subjefe médico de la NASA, James Michael Duncan, destacó el trabajo del gobierno chileno para rescatar a los 33 trabajadores atrapados y dijo estar "impresionado" con la capacidad de organización que habían demostrado los mineros bajo tierra.

NASA IMPRESIONADA CON ORGANIZACIÓN

En una conferencia con medios estadounidenses, Michael Duncan, también se refirió a la rutina que deberían tener los mineros y expresó que el tabaco podría resultar dañino para los trabajadores.

Sobre la posibilidad de darle alcohol a los mineros, el experto dijo que este podría interferir en el rescate y aclaró que "no es lo mejor para este momento".

En tanto el psicólogo de la NASA, Al Hollan, quien también viajó a la mina San José, destacó la manera en que los mineros estaban organizado dentro de la mina y valoró la creación de jerarquías entre los trabajadores, así como la organización en grupos y que cada uno tenga una labor dentro de la mina.

El experto en medicina de aislamiento, James Polk, también se refirió a la situación de los mineros y dijo que "no hay antecedentes de que tantas personas hayan estado atrapadas a esta profundidad" y calificó las labores de rescate como impresionantes.

"PLAN B" AVANZA SIN CONTRATIEMPOS

La segunda perforadora (T-130) que trabajaba en el rescate de los 33 mineros atrapados en la mina San José, a la que se denominaba "Plan B", alcanzaba los 268 metros en su primera etapa de excavación sobre un total de 630 metros.

Su trabajo consiste en ensanchar un pequeño ducto ya construido, para luego volver a horadarlo hasta alcanzar los 70 cm de diámetro.

DÍA 36

9 DE SEPTIEMBRE DE 2010

Encierro genera primeros roces

Día 36

Jueves 9 de Septiembre de 2010

La vida al interior del pique no era nada fácil. Roces, intercambios de opinión y reclamos se empezaron a manifestar en los últimos días.

Los mineros pedían más información, comenzaron a criticar el manejo de las cartas y querían cigarros, vinos y empanadas. Pese a que esto último ya había sido descartado por el equipo médico, la mayoría de las solicitudes estaban en vías de solucionarse.

Se comenzó a enviar diarios y revistas para suplir la falta de información que alegaban. Los mineros estaban expectantes por conocer qué ocurría en la superficie y cuál era el impacto noticioso que produjo el derrumbe.

La compleja situación de encierro y angustia que se produjo en parte de los 33, llevó a medios internacionales como Time a informar que los mineros estaba al borde de una huelga, cansados de las restricciones del equipo de rescate.

Sin embargo, las familias decían que las quejas de los mineros estaban dentro de lo esperable.

"Son por cosas mínimas, como la comida, pero están muy agradecidos del esfuerzo que se está realizando para sacarlos"

Lilian Martínez, esposa de Mario Gómez.

"Es hora de que aprendamos una lección, que el mundo se una, que el mundo deje de ser cruel, porque con esto que hemos vivido, nos demos cuenta que hay un Dios que existe".

Mario Sepúlveda, el minero "conductor" de los videos

CAMISETAS OBSEQUIADAS POR DAVID VILLA

El futbolista David Villa, jugador campeón del Mundial de Sudáfrica, envió dos camisetas a los 33 mineros atrapados en la mina. Las poleras son del FC Barcelona y estaban firmadas por él.

Una era para el ex futbolista Franklin Lobos y otra para sus 32 compañeros.

Carolina, hija del minero Franklin Lobos, dijo que Villa, también proviene de una familia minera.

"Las dos van a ser mandadas para allá abajo, una para mi papá, que es la 7, la de Villa, y otra que dice 'Fuerza y mucho ánimo' y que es para todos los demás mineros" dijo Carolina.

DÍA 37

10 DE SEPTIEMBRE DE 2010

No estamos para celebraciones

Día 37

Viernes 10 de Septiembre de 2010

Es bueno que existan discusiones, ya que eso demuestra que los trabajadores están atentos.

"Somos los malos de la película en esta historia, porque ponemos los límites". Decía Jorge Díaz, jefe del equipo médico que está instalado en la mina San José, sobre los desencuentros que se estaban generado durante algunas comunicaciones entre los mineros atrapados y los rescatistas.

Los reclamos de los trabajadores pidiendo cigarros, vino y todas las cartas escritas por sus familiares habían sido algunos de los puntos más conflictivos en la relación que cumplía 19 días, tras el primer contacto logrado con la denominada sonda Esperanza.

Se estableció una negociación dinámica, en la que ambas partes se estaban dispuestas a escucharse mutuamente y a aceptar sugerencias.

El interlocutor que informaba las demandas de los mineros confinados era Luis Urzúa, el jefe del turno de los 33 trabajadores.

Desde la superficie se destacaba la cohesión del grupo, que no había enfrentado conflictos importantes.

"La disciplina los hizo sobrevivir y están siempre reforzando esta actitud"

Andrés Llanera , médico de la Armada

NO ESTAMOS PARA CELEBRACIONES

A medida que se acercaban las fiestas patrias, que en Chile se celebran el 18 de septiembre, familiares de los 33 mineros no querían realizar festejos.

La mayoría sólo contemplaba realizar un almuerzo a la chilena, "con un asadito o a lo mejor empanaditas"

"No estamos para celebraciones". Esta fue la categórica frase que repitieron los miembros de las familias que sólo aguardaban por el rescate de sus seres queridos.

y que aseguran que para ellos las Fiestas Patrias del Bicentenario no serán motivo de celebración.

"nosotros no estamos para estar celebrando nada porque ellos están abajo todavía. Ya va a llegar una oportunidad de celebrar".

Cristina Núñez, esposa de Claudio Yáñez

"Que no haya nada aquí tampoco. El que quiere fiesta o juntarse con su familia que se junte en otro lado".

Alicia Campos, madre de Daniel Herrera.

Tanto la familia de Renán y Florencio Ávalos como la familia de Mario Gómez compartían la opinión de la mayoría de que el 18 en el campamento Esperanza no debe celebrarse porque "la prioridad es el rescate".

DÍA 38

11 DE SEPTIEMBRE DE 2010

Cigarrillos?

Día 38

Sábado 11 de Septiembre de 2010

Entre los mineros atrapados había varios fumadores, que inicialmente recibieron parches de nicotina, pero pasado el tiempo, la medida ya no era suficiente.

Por eso que tras mejorar la condiciones de ventilación, las autoridades permitieron el envío de cigarrillos a los 33 trabajadores.

"Se envió, de manera controlada, un número determinado de cigarrillos, se le envía a una persona que hace la distribución y no debiera haber dificultades. Son dos cajetillas al día"

Ximena Matas, Intendenta de Atacama

El médico del equipo de socorristas, Jorge Díaz, decía que "ellos son personas responsables y creemos que la dosis que les entreguemos la van a administrar muy bien".

Según explicaron las autoridades, el permiso para fumar fue posible debido a que se instaló un poliducto de plástico que descendía hasta las profundidades y que permitía, además de comunicación con los mineros, enviarles agua y aire.

Por otro ducto, a través de unos tubos de metal conocidos como 'palomas', se les enviaba alimentos y objetos necesarios para su subsistencia y, desde ese momento... cigarrillos.

PERFORADORAS SIGUEN AVANZANDO

La perforadora Strata 950, conocida como "Plan A" de rescate de los 33 mineros atrapados en el yacimiento San José, alcanzó ese día los 206 metros de profundidad, de un total de 702 metros y había una mantención programada para el cambio de cabezal cuando alcanzara los 250 metros.

El "Plan B", a cargo de la perforadora Schramm T-130, que alcanzó el jueves los 268 metros de un total de 630 metros, permanecía detenido debido a la rotura de una pieza dentro del ducto, y se trabajaba en la extracción de la misma.

Tanto el "Plan A" como el "Plan B" debían perforar primero un orificio de 30 centímetros de diámetro para luego ampliarlo a 66. Por uno de esos estrechos ductos serán extraídos uno a uno los mineros. Mientras, se trabajaba en el armado para la perforadora del "Plan C".

DÍA 39

12 DE SEPTIEMBRE DE 2010

Se complica el Plan B

Día 39

Domingo 12 de Septiembre de 2010

Una pieza de cinco kilos de peso y un diámetro de 30 cm mantenía paralizado el avance de la perforadora T-130, el llamado "Plan B", desde que el miércoles sufriera la rotura de su martillo perforador cuando llegaba a los 268 metros de profundidad. El trozo de metal bloqueó el ducto y complicó la situación a tal punto que se evalúa reiniciar el trabajo de la máquina en otro sector.

La T-130 completaba 72 horas sin actividad. El "Plan B" ocupaba el sondaje bautizado "La mano de Dios" por dos razones: debió sortear una serie de inconvenientes geológicos para llegar al sector del taller, y porque el operador de la máquina tenía en la cabina del camión una imagen del ex futbolista argentino Diego Armando Maradona.

El jefe del operativo de rescate, André Sougarret, calificó el problema como "un imponderable, uno más de todos los que hemos superado en estos días. Por ello, hemos desarrollado otros planes, para estar preparados ante estas contingencias".

El llamado "Plan A", correspondiente a la máquina Strata 950, estuvo detenido un par de horas por mantención, pero al reiniciar su operación llegó a los 212 metros.

FAMILIARES Y MINEROS INQUIETOS POR LA LENTITUD DEL RESCATE

Los familiares de los 33 trabajadores manifestaron su preocupación por la lentitud con la que avanzaban las tareas de rescate, al cumplirse el tercer día de paralización de la perforadora "Schramm T-130", que supone el "Plan B". Incluso los pirquineros atrapados estaban preocupados porque ya no escuchaban desde la profundidad el ruido de la máquina, por lo que exigían una explicación.

> *"Vemos demasiado tranquila la situación. Estoy inquieta por una carta que mandó mi hermano ayer, ha bajado mucho el ritmo"*

María Segovia, hermana de minero

El ministro de Minería, Laurence Golborne, aseguró que los trabajos avanzan según lo presupuestado. "Me han comentado que manifiestan alguna preocupación, pero ellos entienden y se les ha explicado que estos martillos paran y siguen, que no hay mayores diferencias"

En las afueras de la mina continuaban además los trabajos de instalación de una máquina petrolera que suponía el Plan C, la que podría comenzar su labor de excavación el día 20 de septiembre, según estableció el ingeniero André Sougarret, encargado de la tarea.

DÍA 40

13 DE SEPTIEMBRE DE 2010

Parte plan físico

Día 40

Lunes 13 de Septiembre de 2010

El funcionamiento de un poliducto de 700 metros de largo que llevaba agua, aire, electricidad y fibra óptica al fondo de la mina San José, a partir del fin de semana, activó el plan de evacuación de los 33 mineros atrapados en ese yacimiento, y que pretendía traerlos a la superficie suficientemente preparados para tener una actividad normal a las pocas horas de salir del pique.

Este ducto, que entregaba la posibilidad de videoconferencias y comunicación telefónica, fue clave para comenzar a cambiar los hábitos de los atrapados, y lograr que salieran sin traumas físicos ni mentales. El envío de electricidad a la galería permitiría a los mineros recrear en el pique un ambiente similar al día.

Esto tenía dos objetivos: marcar los ciclos de día y noche para estabilizar el ritmo circadiano, que regula los procesos biológicos, y acostumbrar su visión a mayor cantidad de luz para que salgan a la superficie.

Así no sería necesario tenerlos tanto tiempo hospitalizados para revisar sus signos antes de ser dados de alta una vez fuera.

Esto permitiría, además, que la evacuación de los trabajadores se pueda realizar durante el día, y sólo con lentes que reduzcan el impacto de la luz solar.

El ciclo día-noche se complementó con diversas actividades programadas para mantener ocupados a los 33 mineros durante la faena de rescate. Las videoconferencias permitieron dictarles charlas y clases motivacionales para entregarles nuevos conocimientos.

Las clases por videoconferencia incluían hasta oratoria y técnicas de expresión. Así se los prepararían para enfrentar a los medios de comunicación al momento de ser dados de alta.

También comenzaron a recibir por esa vía un programa personalizado de entrenamiento físico para desarrollar por una hora al día, elaborado por el médico de la ACHS Gian Romagnoli, experto en medicina deportiva.

Estas actividades apuntaron a tenerlos preparados desde el punto de vista físico para resistir el rescate y disminuir los niveles de ansiedad, que afloran tras los diversos problemas que habían enfrentado las perforadoras que intentan llegar hasta ellos.

VEHICULO DE RESCATE

El ministro de Salud, Jaime Mañalich, visitó la mina con el director de Asmar, almirante Luis Fonzo, para afinar los detalles de la construcción de la cápsula que sacará a los mineros, que denominaron "vehículo de rescate". Incluiría oxígeno, sistemas de monitoreo de signos vitales, luz y comunicación.

DÍA 41

14 DE SEPTIEMBRE DE 2010

Nació Esperanza

Día 41

Martes 14 de Septiembre de 2010

Esperanza Elizabeth, la tercera hija del minero Ariel Ticona, uno de los 33 trabajadores atrapados, nació en un hospital de Copiapó.

La niña, cuyo nombre se inspira en el "Campamento Esperanza" montado por las familias de los mineros en las afueras del yacimiento, nació a través de una cesárea a las 12:00 horas.

La niña pesó 3,050 kilos y midió 48 centímetros.

La familia del minero grabó el parto y esperaban poder mostrárselo al padre a través del ducto que los conecta con la superficie.

"Es igual a su papá" fue lo primero que dijo Elizabeth Segovia al ver a su hija recién nacida, Esperanza.

"Le pusieron Esperanza como el campamento, y para nosotros todo ha sido como un milagro, ya que hoy comenzó a trabajar de nuevo la otra máquina. Así que podemos decir que la Esperanza llegó con la tremenda marraqueta bajo el brazo"

Héctor Ticona, padre de Ariel .

A 700 metros bajo tierra, en la mina, Ticona esperaba tranquilo a que el parto finalizara.

"Sabe que hoy nació su bebé, pero ha pasado un fenómeno interesante: cómo sabe que no puede hacer nada, ha estado resignado esperando que el parto se realice", dijo el psicólogo de la AChS Alberto Iturra.

El hermano de Ticona, Cristián, llevó inmediatamente la cinta a la mina para que la editaran y se la enviaran al socavón.

Ariel Ticona es el tímido minero que apenas había aparecido en un par de ocasiones en los videos grabados al interior de la mina, y que se negó a ser retratado en las primeras imágenes registradas a 700 metros de profundidad. Ahora es Ticona quien, en la mina, espera esas primeras imágenes que le llegarán en video.

DÍA 42

15 DE SEPTIEMBRE DE 2010

Noviembre, posible mes de rescate

Día 42

Miércoles 15 de Septiembre de 2010

Un total de 66 poleras, igual número de boxers y 33 libros de oración, estos últimos con el nombre de cada uno de los 33 mineros atrapados, recibieron los rescatistas.

Las vestimentas fueron confeccionadas con una tela antibacterial que impide la aparición de malos olores.

La donación, realizada por la empresa Doite, a través del diario chileno "El Mercurio", fue recibida por el comandante de la Armada Renato Navarro, coordinador logístico de la operación San Lorenzo.

NOVIEMBRE, POSIBLE MES DE RESCATE

Expertos afirmaron que el rescate de los 33 mineros atrapados a 700 metros de profundidad en el yacimiento San José podría hacerse realidad en noviembre, un mes antes de lo anticipado por las autoridades.

El ingeniero René Aguilar, coordinador de tareas de rescate en la mina San José, situada a unos 850 kilómetros al noreste de Santiago, dijo a los periodistas "que si las perforaciones no tienen nuevos tropiezos, los obreros podrían estar en la superficie en el penúltimo mes del año".

En tanto, el ministro de Minería, Laurence Golborne, también se manifestó "bastante entusiasmado" la semana anterior al indicar que "si las cosas caminan bien, como hasta ahora", los mineros podrían estar con sus familias en noviembre.

AVANCES

La "Raise Borer Strata 950", que se desempeñaba en el "plan A", alcanzó los 300 metros de profundidad, de los cerca de 700 metros que debe perforar hasta dar con los 33 mineros.

La perforadora "Schramm T-130" reanudó por la madrugada la excavación del llamado "plan B", llamada "la milagrosa" por los familiares de los mineros, que había interrumpido sus labores el pasado jueves, cuando había alcanzado los 268 metros de profundidad, debido a la rotura del cabezal al impactar con un trozo de hierro.

La T-130, perforó 100 metros en menos de 24 horas, cuando esto se informó a los familiares irrumpieron con aplausos.

La máquina realizaba una perforación de unos 30 centímetros de diámetro, y el día que alcanzara los 700 metros de profundidad se le instalaría en la punta un cabezal que regresaría a la superficie ensanchando el orificio a 65 centímetros, por donde los expertos harán entrar una "cápsula" que traería los mineros a la superficie.

DÍA 43

16 DE SEPTIEMBRE DE 2010

Se activa el "Plan C"

Día 43

Jueves 16 de Septiembre de 2010

La secretaria de Estado de EE.UU., Hillary Clinton, destacó el valor de los chilenos y su determinación ante las dificultades en un especial mensaje que envió al país en al marco de las celebraciones del Bicentenario de Chile (1810-2010).

Clinton destacó que Chile ha sido un "gran ejemplo" para la región y para el mundo a la hora de afrontar "retos sobrecogedores" como el terremoto que asoló el país en febrero o el rescate de 33 mineros atrapados desde agosto en el yacimiento San José.

"Todos sus esfuerzos en defensa de los mineros atrapados es realmente inspirador para todos nosotros, me he sentido conmovida por la fortaleza de los chilenos".

Hillary Clinton, secretaria de Estado de EE.UU

EL "PLAN C" ENTRA A TIERRA DERECHA

Desde LA mañana, en el yacimiento San José se pudo ver la imponente torre de 42 metros y 40 toneladas que se usaría para que la perforadora petrolera de la Enap inicie las excavaciones de un tercer ducto para rescatar a los 33 mineros

De esta forma, la máquina petrolera RIG 412, de la empresa canadiense Precision Drilling, se sumó al trabajo que ya se realizaba con la Strata 950 ("Plan A") y la T-130 ("Plan B").

La diferencia es que esta perforadora cava de una sola vez el ducto de 70 centímetros que se requiere para extraer a los trabajadores. Las otras máquinas primero realizan un sondaje pequeño que luego se debe ensanchar.

El "Plan C" tiene la capacidad de avanzar de 20 a 30 metros diarios.

DÍA 44

17 DE SEPTIEMBRE DE 2010

El "Plan B" se acerca

Día 44

Viernes 17 de Septiembre de 2010

La perforadora T-130, que realizaba el denominado "plan B", logró llegar en la mañana al taller aledaño al refugio donde se encontraban los 33 mineros atrapados.

La máquina, que taladraba 18 metros por hora y ayudaba a mantener la conexión con los trabajadores, debía retirar el martillo del ducto ensanchado a unos 30 centímetros para comenzar con una segunda perforación que permitiría ampliar el túnel hasta lograr unos 66 centímetros por donde serán rescatados los trabajadores.

Era la primera perforación del 'hoyo de la rosquilla', luego había que cambiar y montar los martillos que tienen cinco cabezas y a través de esa guía iniciar el proceso de escareado o ampliación de ese túnel.

Los mineros por su parte, limpiaron los escombros que la T-130 dejó en el taller, mientras esperaban su menú especial de Fiestas Patrias, que constaba de una empanada, carne con ensaladas y compota de frutas.

Con estas buenas noticias, los familiares de los mineros también prepararon sus celebraciones en el campamento Esperanza, en el exterior de la mina San José.

PRESIDENTE DE ITALIA ALABA CORAJE DE LOS MINEROS

El Presidente de la República Italiana, Giorgio Napolitano, definió a Chile como "un actor imprescindible" en el desarrollo de América Latina y elogió el "ejemplar coraje" de los 33 mineros que permanecían atrapados, 700 metros bajo tierra.

Las palabras de Napolitano fueron parte de un mensaje enviado al Presidente Sebastián Piñera en el marco de las celebraciones por los 200 años de la independencia chilena.

"Chile representa un actor imprescindible para el desarrollo económico y el progreso social en América Latina, como también para el éxito de los procesos de integración regionales", indicó el Mandatario a nombre del pueblo italiano.

"Toda Italia participa con afectuosa cercanía en la preocupación del pueblo chileno por los dramáticos acontecimientos de los mineros que quedaron atrapados y admira, junto con el ejemplar coraje de esos trabajadores, los esfuerzos de las autoridades chilenas por lograr su rescate, que esperamos pueda lograrse a la brevedad",.

DÍA 45

18 DE SEPTIEMBRE DE 2010

Chile y mineros cantaron Himno Nacional

Día 45

Sábado 18 de Septiembre de 2010

Miles de ciudadanos cantaron el Himno Nacional de Chile, en las plazas de todas las ciudades chilenas, celebrando el Bicentenario, actividad a la que se sumaron los 33 trabajadores atrapados a 700 metros de profundidad en una mina.

LOS 33 MINEROS Y TODO CHILE CANTARON AL UNÍSONO EL HIMNO NACIONAL

Mientras en las profundidades los trabajadores entonaban la Canción Nacional, en la superficie, sus familiares, emplazados en un campamento en las afueras del yacimiento, hicieron lo propio e izaron una bandera chilena que enviaron los 33 mineros, y que llevaba la firma de todos ellos.

La bandera fue izada en un asta emplazada sobre una base pintada de rojo, y que emulaba las líneas que los mineros atrapados pintaron sobre una de las tuberías de la sonda que logró dar con ellos, para dar señales de que estaban con vida.

Simultáneamente, en la Plaza de Armas de Santiago, el presidente de Chile, Sebastián Piñera, acompañado por los gobernantes de Bolivia, Evo Morales, y de Paraguay, Fernando Lugo, entonó junto con sus ministros y cientos de autoridades y ciudadanos, el himno chileno.

CELEBRACION BAJO TIERRA

Unas rocas sirvieron de base para apuntalar un mástil de 2 metros de altura, en el cual se izó la bandera chilena. Mientras, vestidos con poleras azules, rojas y blancas, los trabajadores entonaban con emoción el Himno Nacional.

La imagen podía corresponder a cualquier ceremonia a lo largo del país. La gran diferencia es que se realizó a 700 metros de profundidad, en el refugio que ocupan los 33 mineros.

Un sonoro "ceacheí" dio por finalizado el breve pero emotivo acto dieciochero.

El festejo de los 32 mineros chilenos continuó en una improvisada fonda, que llamaron "Estamos bien en el refugio los 33". A la algarabía se sumó el único minero extranjero del grupo, el boliviano Carlos Mamani.

REY PELÉ

El ex astro futbolístico brasileño Pelé envió una carta y una camiseta de la selección brasileña autografiada a los 33 mineros.

"Queridos hermanos: estoy rezando por ustedes"

Pelé

DÍA 46

19 DE SEPTIEMBRE DE 2010

Isabel Allende visita mina

Día 46

Domingo 19 de Septiembre de 2010

El Presidente Sebastián Piñera arribó cerca de las 10:30 horas a la mina San José para sostener una videoconferencia con los 33 mineros atrapados, además de reunirse con sus familiares.

"Los mineros cumplieron, resistieron, se mantuvieron unidos, lucharon por sus vidas, no se dejaron quebrar y han mandado un mensaje de fuerza, de esperanza y de amor que ha emocionado a todos y a cada uno de sus compatriotas.

Y el país y los chilenos también hemos cumplido porque nos comprometimos desde el primer instante a ser todo lo humanamente posible para rescatarlos con vida, y hemos cumplido.

Ojalá que este espíritu de unidad, de fe, de confianza, de orgullo de ser chilenos que se respira aquí en la mina San José y en todo Chile sea un espíritu que nos ilumine en este Bicentenario"

Presidente Sebastián Piñera

El Presidente Piñera confirmó la puesta en marcha del denominado "Plan C", a cargo de una máquina petrolera. Dicha perforadora se sumó a las labores de la Strata 950 y T-130, "Plan A" y "Plan B", respectivamente.

"No sabemos cuál va a llegar, pero sabemos una cosa, con la ayuda de Dios van a llegar", dijo el Presidente.

NOTORIO AVANCE DE LA T-130

Los familiares de los 33 mineros atrapados se encontraban en un estado de gran expectación debido a que el Plan B, con la perforadora T-130, golpeó dos veces el recinto aledaño a los mineros, lo que podría determinar que en una tercera oportunidad, se haga contacto.

ISABEL ALLENDE VISITA LA MINA

La escritora y Premio Nacional de Literatura 2010, Isabel Allende, viajó a la mina San José para celebrar el Bicentenario con los 33 mineros atrapados. A través de una videoconferencia, les reveló que ha sido testigo privilegiada de la amplia cobertura que medios de comunicación de todo el mundo han dedicado a sus días de encierro a 700 metros. Les trasmitió la preocupación que hay en varios países por su causa. *"Viajo por el mundo entero y en todas las pantallas de TV del mundo están los rostros de los 33 mineros"*,

"Yo vivo cerca de San Francisco, muy cerca de la antigua cárcel de Alcatraz, desde donde nadie nunca escapó debido a la fuerza de las corrientes, pero el domingo pasado 33 nadadores, entre ellos mi hijo Nicolás, con el nombre de cada uno de ustedes en el pecho, escaparon de ahí y llegaron a la otra orilla",

Isabel Allende

En medio de los aplausos de los mineros, a quienes obsequió una camiseta con la firma de cada uno de los que realizaron la hazaña.

DÍA 47

20 DE SEPTIEMBRE DE 2010

Niños de la Esperanza

Día 47

Lunes 20 de Septiembre de 2010

Tres perforadoras avanzaban sin contratiempos horadando la roca en su camino hacia los 33 mineros sepultados a 700 metros de profundidad.

La tercera máquina, la petrolera Rig 421, protagonista del llamado Plan C, se sumó a las dos que trabajan desde hace varios días, la Strata, del Plan A, y la T-130, del Plan B.

Entre tanto, los niños del campamento; hijos, nietos y sobrinos, llevaban más de un mes y medio sin asistir a clases.

"Yo llegué el día después del accidente y desde entonces estoy aquí", decía orgullosa Marion, de 8 años, quien esperaba que fuera rescatado su abuelo.

Como ella, muchos otros niños cambiaron las clases por las carpas del campamento Esperanza.

La situación preocupaba a su familia, que pidieron al colegio enviar el temario para repasar las materias con un profesor que visitaba el campamento regularmente para ver a los niños, enviado por un municipio cercano a la mina.

Se pidieron al colegio "los temarios de los niños para que el profesor que está en el campamento los avance" y no pierdan el curso entero, cuenta su abuela.

Como Marion había otra decena de niños que estaban allí de manera permanente y no han regresado al colegio. En el último fin de semana largo el número de menores subió a 25.

Sin clases, los niños se dedicaban a jugar y alegrar el campamento.

El polvo y el calor azotaban a los pequeños con más fuerza que a los mayores. Para combatirlo, Marion y sus amigas, Anaís Araya y Paloma Benítez, corrían tras el camión cisterna que transportaba el agua potable para el campamento, y que mojaba el camino para que no se levantara más polvo. A los pocos minutos, aparecían con toda la ropa mojada en la carpa de sus padres, que ya no se desesperaban.

Otros niños y niñas recuperaban juegos más clásicos y rudimentarios, como las canicas (bolitas), la peonza o trompo, los volantines (cometas) o las carreras de sacos. Magos, animadores y voluntarios se acercaban a la mina para distraer a los niños. Y estába el payaso Roly, quien llegó al campamento para entretener y cuidar de los más pequeños.

El payaso, que vino por su cuenta, aprendió mucho de las familias en esos días, y se llevó consigo varios recuerdos: una camiseta que le envió uno de los mineros, dos cartas que le enviaron desde las entrañas de la tierra y tres "hijos adoptivos", como él llamaba a sus preferidos. La última carta se la envió el minero José Ojeda, quien le agradece su labor y le dijo:

"A veces es difícil hacer reír, pero hay que salir e intentarlo. La risa es un remedio infalible".

DÍA 48

21 DE SEPTIEMBRE DE 2010

Se adelanta plazo de rescate

Día 48

Martes 21 de Septiembre de 2010

El rápido avance de la máquina perforadora T-130 en el ensanchamiento del ducto, y de la petrolera industrial de la ENAP, que en sólo cuatro horas avanzó 23 metros, sorprendió al equipo de rescatistas y a las autoridades de gobierno.

Las nuevas estimaciones eran que en no más de 15 días los planes B y C debieran estar en su etapa final. A ese plazo se sumarían otros 3 a 5 días para el encamisado del ducto por el que serán sacados los mineros que se encuentran a 700 metros de profundidad.

En paralelo, se aceleró la construcción de una plataforma que permitió organizar la masiva llegada de los medios de la prensa internacional y ubicar a los familiares de los mineros.

La base, de 100 metros de largo y 50 de profundidad, se instaló a una distancia prudente del lugar donde se realizaban las excavaciones y las cámaras de televisión podían captar el trabajo de las máquinas perforadoras de los planes B y C, justo arriba de donde estaba el comedor central del sector de la mina.

Para ello, contaban con conexión a internet y facilidades para enlaces satelitales. En el sector acondicionado para los familiares se aceptarían tres por cada minero; y contarían con una vista privilegiada de la "Operación Rescate". Esto, porque sólo podrían visitarlos una vez que culmine el chequeo médico respectivo.

OBAMA ENVÍA MENSAJE A LOS 33 MINEROS

En una entrevista realizada por Don Francisco, y cuando llevaba cerca de 20 minutos de conversación con Barack Obama, le pide un "favor personal" al Presidente de Estados Unidos: "Mi país llegó al Bicentenario y ha sufrido un maremoto, un gran terremoto, y tiene a 33 mineros a 700 metros de profundidad".

Obama captó el mensaje, miró a la cámara y dijo:

"Mi corazón está con las familias de los mineros, nos alegra que estén vivos, pero obviamente estos son momentos muy difíciles. Estoy seguro de que, con la gracia de Dios, podrán emerger y volver con sus familias pronto".

Barack Obama, Presidente de los Estados Unidos

DÍA 49

22 DE SEPTIEMBRE DE 2010

La Cápsula de rescate

Día 49

Miércoles 22 de Septiembre de 2010

Los rescatistas revisaban en terreno el prototipo de la cápsula hecha por Asmar . En los aspectos mecánicos del prototipo de cápsula en la que se buscaba sacar de su encierro a los 33 mineros, se centró el trabajo de los ingenieros de Codelco. Y aunque seguía teniendo calidad de prototipo, era el trabajo más avanzado de un vehículo de rescate para evacuar a los trabajadores.

Este prototipo sería, con las correcciones correspondientes de los rescatistas, el que traería a los mineros a la superficie por alguno de los ductos en construcción.

Los ingenieros revisaron el artefacto, un cilindro de 2,5 metros de longitud, un diámetro interior de 53,2 cm. y exterior de 54 cm. y 250 kilos de peso. Estaba hecho en acero de 4 milímetros, un material usado en construcción naval y cuya característica era que pese a ser una capa delgada ofrecía alta resistencia.

EXPECTATIVAS EN EL CAMPAMENTO

En el Campamento Esperanza abundaba el buen ánimo por el rendimiento experimentado por las tres perforadoras, pese a la cautela de los rescatistas sobre los plazos.

"Las autoridades no quieren hablar de acortar plazos, para no crear falsas expectativas, pero (...) las máquinas van bien rápido y creo que incluso van estar los primeros días de octubre llegando hasta donde los muchachos"

Lilianette Ramírez, esposa de Mario Gómez.

"Sentía un pálpito, y ellos (los mineros) también deben saber que falta poco para su rescate, porque han estado de mejor ánimo. Sólo espero que esta situación termine pronto"

Elizabeth Segovia, hermana de Darío Segovia.

DÍA 50

23 DE SEPTIEMBRE DE 2010

Gobierno afina el operativo

Día 50

Jueves 23 de Septiembre de 2010

El rápido avance de las tres perforadoras que construyen los túneles de rescate de los 33 mineros atrapados en la mina San José llevó al Gobierno a preparar, el operativo médico y de traslado para los trabajadores una vez que lleguen a la superficie.

Mientras, a 700 metros de profundidad, los 33 mineros ayudaban a su rescate en tres turnos por día, y también en el reacondicionamiento de los espacios para hacer más llevadera la espera.

Estaban divididos en tres grupos: "Refugio", "Rampa" y "Nivel 105", según la ubicación de sus dormitorios.

El turno de mañana tenía jornada laboral de 8:00 a 16:00 horas. Había un jefe de grupo, un paramédico, un encargado medioambiental que mide los gases, y tres "palomeros" que reciben los envíos de la superficie. Los demás hacían tareas pedidas por los ingenieros, como la actualización de los planos de la mina, entubación del agua y de la energía que les llegaba, o la remoción de escombros que caían por el escareo de la T-130.

Mientras trabajaban, un segundo grupo dormía en el área de dormitorios, donde no había luz, y el tercero descansaba y se distraía leyendo, jugando brisca, viendo TV o leyendo el diario.

A las 12:00 se juntaban todos a orar y a comentar sus experiencias.

Tras almorzar, cerca de las 15:00 horas comenzaba la ronda médica con dermatólogos, odontólogos, médicos y enfermeras, por videoconferencia o citófono.

Después venía un período de capacitaciones, con clases de primeros auxilios. En los últimos días se sumó un personal trainer que los ejercitaba para ponerlos en forma antes de su rescate.

El día de terminaba a las 22:00 o 23:00 horas, luego de ver los noticieros.

A las 00:00 horas comenzaba su trabajo el turno de ocho horas del grupo de "nocheros".

DÍA 51

24 DE SEPTIEMBRE DE 2010

Protocolo de evacuación

Día 51

Viernes 24 de Septiembre de 2010

En tres grupos fueron divididos los 33 mineros para ser rescatados desde el fondo de la mina San José.

El equipo de rescatistas los agrupó en "hábiles", "débiles" y "fuertes", y en ese orden serían evacuados mediante los "vehículos de rescate", bautizados como "fénix".

La prioridad la tendrán los "diestros", ya que ellos podrían sortear cualquier percance que se registre en el ducto o en los "vehículos de rescate" y entregarían su experiencia a los rescatistas y a sus propios compañeros.

Los candidatos para iniciar el ascenso eran Édison Peña, el deportista que corría 10 kilómetros diarios en la mina. También estaba Álex Vega, hijo del minero José Vega, quien fue uno de los primeros rescatistas que intentó ingresar al pique.

En segundo lugar le correspondería ascender al grupo de los enfermos crónicos, trabajadores de mayor edad o quienes presentaban alguna dolencia. Según los rescatistas, en este grupo estaba José Ojeda, quien padecía diabetes; Jorge Galleguillos, quien sufría hipertensión, y Mario Gómez, el más veterano del grupo, con 63 años.

Finalmente, se rescataría a los considerados más "fuertes", porque serían capaces de soportar la ansiedad de las 48 horas de las faenas de rescate. Ese grupo estaba integrado por los líderes de los tres grupos que habían formado los trabajadores a 700 metros de profundidad: Omar Reygadas, a cargo del Refugio; Carlos Barrios, de la Rampa, y Raúl Bustos, del nivel 105, donde dormían algunos mineros. A ellos se suma el paramédico Yonny Barrios, el pastor José Henríquez, por su liderazgo espiritual; y el jefe de turno, Luis Urzúa, quien podría ser el último en salir.

ENTRENAMIENTO DE PILOTOS DE COMBATE

Los 33 mineros realizaraban ejercicios físicos para soportar su rescate por un tubo de 700 metros, tal como lo hacen "pilotos de combate".

Todos serán izados en una cápsula metálica o jaula, por medio de un complejo sistema de poleas y grúas, durante un tiempo que podría durar hasta 90 minutos.

El entrenamiento era el 'L1-Modificado', que es un entrenamiento que usan los pilotos de combate, básicamente para cooperar y ayudar a subir la sangre desde las extremidades inferiores hacia arriba, para evita cualquier desmayo por estar en una posición rígida", explicó.

El ejercicio L1-Modificado se refiere a ejercicios musculares, como la contracción sincrónica de las pantorrillas, los muslos y el abdomen.

Esto a raíz de que los mineros estarían de pie cuando sean subidos al interior de la cápsula que construyen los Astilleros y Maestranzas de la Armada (Asmar).

DÍA 52

25 DE SEPTIEMBRE DE 2010

Perforadoras avanzan

Día 52

Sábado 25 de Septiembre de 2010

Las tres perforadoras que excavaban las vías de rescate para los 33 mineros avanzaban sin inconvenientes.

"Las máquinas están trabajando en forma normal. No hay inconvenientes. La máquina B no ha presentado problemas adicionales", dijo el ministro de Minería, Laurence Golborne.

La segunda máquina, una perforadoras T-130, sufrió tres desperfectos en sus martillos en la última semana, pero en ese momento funcionaba con normalidad. La máquina llevaba este sábado 175 metros en su segunda fase de perforación sobre un total de 630 metros, con un diámetro de unos 70 cm.

En tanto el tercer plan, a cargo de una sonda petrolera que perforaba de una vez un ducto de unos 70 cm, llevaba 62 metros sobre un total de 597 m, mientras que el primer operativo o Plan A, realizado por una Strata 950, alcanzó los 442 m en su primera pasada sobre un total de 702 m.

DÍA 53

26 DE SEPTIEMBRE DE 2010

350 personas realizarán el rescate final

Día 53

Domingo 26 de Septiembre de 2010

Doce expertos en operaciones de salvataje, 20 funcionarios médicos y 215 carabineros serían parte del contingente de 350 personas que realizarán el rescate final de los 33 mineros de San José.

Desde la seguridad y atención en el yacimiento hasta el cuidado en Copiapó, el Gobierno definió cada paso del "Día D". no habrá nada al azar el día del rescate.

Según lo previsto, el dispositivo de rescate descenderá 300 metros como prueba. Luego llegará hasta los 500 metros. Y cuando estén totalmente seguros de que el pozo esté en buenas condiciones, efectuarán el descenso final hasta los mineros.

En el fondo de la mina, los trabajadores ingresarán a la cápsula con un buzo, guantes y antiparras que los protegerán de la luz. El ascenso de cada uno durará entre 10 y 15 minutos, pero sumando toda la preparación, el rescate será de 45 minutos por persona.

El dispositivo tendría dos vías de escape en caso de que se atasque en el camino. El minero podría desprender la parte inferior, y si esto falla, podría salir por debajo de la jaula sacando su piso. En ambos casos, el trabajador debería volver a descender al pique.

En la superficie Una vez arriba, serían evaluados de inmediato por un médico y dos paramédicos. Luego serían enviados a una zona denominada "Triage", donde serían examinados por cuatro médicos y ocho enfermeros. Si no hay urgencias de traslados, los trabajadores irían al hospital de campaña que se montará en la mina. Ahí se realizarían labores de estabilización, a cargo de un médico y dos enfermeros. Un equipo de psicólogos también supervisaría a los rescatados.

Pasadas todas esas etapas, un lugar especialmente acondicionado del hospital de campaña permitiría el anhelado encuentro de dos familiares por cada trabajador. Tras ello serían trasladados en helicóptero al Hospital de Copiapó, donde permanecerían 48 horas.

Día 54

Lunes 27 de Septiembre de 2010

Para evitar el ingreso masivo de los cientos de periodistas, camarógrafos y fotógrafos de todo el mundo, que llegarían a cubrir el rescate de los mineros de San José, el Gobierno decidió que se realizará una transmisión oficial del operativo.

Las imágenes de video seguirían todo el rescate, que se estimaba podría durar hasta un día y medio. Las imágenes quedarían a libre disposición de los medios, los que determinarían los momentos que quieran transmitir en vivo. La decisión se tomó porque existíann lugares en que era imposible tener a todos los medios acreditados.

En una explanada, ubicada a 75 metros de altura de la entrada a la mina, y que tiene 150 metros de largo y 50 de ancho, la prensa podría apreciar, a 300 metros, el pozo desde donde serán extraídos los 33 mineros. En ella se podían captar fácilmente los pozos que dejarán los planes B y C, el hospital de campaña donde serían derivados los trabajadores y el lugar donde se ubicarían los familiares.

Sin embargo, en la boca de la perforación se instalaría una protección que evitó que las cámaras capten en el momento exacto en que los rescatados emerjían de las entrañas del yacimiento. Sólo la transmisión oficial mostraría ese momento.

DÍA 55

28 DE SEPTIEMBRE DE 2010

Congreso de EE.UU. apoya a mineros

Día 55

Martes 28 de Septiembre de 2010

Congreso de Estados Unidos aprobó una resolución de apoyo a los 33 mineros atrapados en la mina San José, en la que reconocieron también los esfuerzos de agencias estadounidenses como la NASA en el rescate.

La resolución fue presentada por el congresista de Florida Connie Mack y aprobada en el subcomité del Hemisferio Occidental de la Cámara de Representantes.

> *"Mientras Chile y el resto del mundo espera el retorno a salvo de los 33 mineros que continúan atrapados en la mina de oro y cobre, Estados Unidos continúa al lado de nuestros amigos chilenos y ofrece nuestro apoyo y asistencia a los esfuerzos de rescate"*, dijo Connie Mack.

El rescate siguió adelante y contó con la ayuda logística de la agencia espacial estadounidense y otros departamentos públicos e instituciones privadas del país.

El canciller chileno, Alfredo Moreno, agradeció a Estados Unidos la ayuda que estaba prestando para rescatar a los 33 mineros atrapados en el norte del país, durante la reunión que sostuvo con el secretario de Estado adjunto para América Latina, Arturo Valenzuela.

LA T-130 EN LA FASE FINAL

El Plan B, a las 8:00 hrs. alcanzó los 276 metros, uno de los mejores avances que se habían tenido. En 15 días el gobierno tendría todo instalado para poder iniciar en cualquier momento el rescate.

Las tres perforaciones avanzaban sin inconvenientes, siendo la más adelantada la T-130. El avance de esta máquina se había dado pese a cuatro detenciones que había sufrido en la última semana por desperfectos sufridos por su martillo principal.

Esta máquina se encontraba en su fase final de excavación para agrandar el ducto a un diámetro de entre 66 a 70 cm, para que pueda caber la jaula de rescate.

DÍA 56

29 DE SEPTIEMBRE DE 2010

Han bajado 6 kilos

Día 56

Miércoles 29 de Septiembre de 2010

Un programa más arduo de ejercicios físicos comenzaron a realizar los 33 mineros.

La nueva rutina apuntaba a fortalecer el cuerpo y evitar algún tipo de lesión durante el ascenso a la superficie. Los mineros habían bajado en promedio seis kilos desde que comenzaron a recibir alimentación controlada y caliente, a partir de los primeros días de septiembre, y por los ejercicios suaves que partieron a mediados de mes.

En ese momento hacían cuatro series de repeticiones de alta intensidad de cuatro minutos de duración, conocido como el entrenamiento interválico, que está destinado a estimular mayor adaptación a los niveles de lactato que se pueden producir por la actividad muscular durante el ascenso.

Los mineros realizan los ejercicios por turnos. Paralelamente, los 33 atrapados eran controlados mediante monitores Zephyr Biohardness. Este transmitía a la superficie información sobre la frecuencia cardíaca, respiración, amplitud ventilatoria, temperatura corporal periférica, consumo máximo de oxígeno, aceleración y postura de cada uno de los mineros.

REMOVIAN 22 TONELADAS DIARIAS

No sólo las rutinas físicas y el contacto con la superficie mantenían ocupados a los 33 mineros atrapados. A 700 metros de profundidad, el grupo mantenía una intensa actividad para remover 22 toneladas diarias de escombros que caían producto de las perforaciones para terminar los ductos de rescate.

Esto era porque el rápido avance de la máquina T-130 del Plan B comenzó a generar la constante caída de residuos de roca en la zona del taller del yacimiento, hasta donde cada jornada llegaban los trabajadores en tres turnos.

Los mineros iban al taller mecánico y retiraban todo el material que caía. Tenían un cargador frontal y sacaban una baldada completa. Luego de remover el material con las máquinas, éste era trasladado hasta otra galería de la mina, sitio que no estorbaba el desplazamiento, ejercicios y labores del grupo.

DÍA 57

30 DE SEPTIEMBRE DE 2010

Preciados objetos del refugio

Día 57

Jueves 30 de Septiembre de 2010

Mineros preparaban los objetos que sacarían desde el refugio durante operativo de rescate

Poleras, camisetas de fútbol, cascos, implementos de trabajo y diversos artículos que les han enviado desde la superficie. Son los objetos más preciados por los 33 mineros atrapados, que se llevarían a la superficie como recuerdos.

A estas alturas, ellos ya estaban definiendo las pertenencias que sacarían. Estas serían enviadas a la superficie 48 horas antes del rescate y serían entregadas a sus familiares.

Durante los 56 días que llevaban en el fondo de la mina San José, los mineros habían recibido camisetas autografiadas, poleras, cartas de ánimo, videos y un sinfín de presentes, que se sumaban a los implementos con que ellos extraían el mineral.

Los mineros incluso se llevarían trozos de rocas. Entre las pertenencias había recuerdos, parte de su historia.

Entre las cosas que se quedarán en la mina están las camas, sillas y todos los otros implementos que les permiten llevar una "vida normal" a 700 metros bajo tierra.

DÍA 58

01 DE OCTUBRE DE 2010

Real Madrid envía camisetas

Día 58

Viernes 1 de Octubre de 2010

Real Madrid no sólo hizo llegar 33 camisetas para los mineros, también les extendió una invitación para homenajearlos en su estadio una vez que se concrete su rescate.

"Es muy destacable que un país completo como España esté siguiendo la odisea que estamos viviendo"

Ministro de minería, Laurence Golborne, al recibir los regalos a través del municipio de Santiago.

Las camisetas firmadas por todo el plantel merengue incluían la leyenda "Fuerza Mineros" y el número 33 en la espalda.

RESCATE SERÍA LA SEGUNDA QUINCENA DE OCTUBRE

El ministro Golborne, dijo que el rápido avance de las perforadoras en los últimos días permitía esperar que el rescate de los 33 mineros atrapados en un profundo socavón desde el 5 de agosto debía producirse en la segunda quincena de octubre.

Los mineros fueron informados y estaban felices. El nuevo cálculo del gobierno se basaba especialmente en que las tres enormes perforadoras que cavaban la roca rumbo a los mineros tuvieron avances muy buenos en los últimos días.

DÍA 59

02 DE OCTUBRE DE 2010

Clases de oratoria

Día 59

Sábado 2 de Octubre de 2010

Un grupo de psicólogos preparaba a los 33 obreros mediante el envío de charlas y videos a través de "palomas".

Los 33 mineros comenzaron a recibir entrenamiento para enfrentar la presión de los medios de comunicación tras el rescate, previsto para la segunda semana de octubre. Se inició una fase que era el entrenamiento en oratoria y relaciones públicas para enseñarles a expresar claramente sus ideas y ponerse en diversas situaciones, para que los micrófonos y cámaras no les resulten estresante.

Se estimaban que unos 700 periodistas de todo el mundo, entre redactores, camarógrafos, fotógrafos y personal de apoyo, arribaran al yacimiento San José para la cobertura del rescate.

El entrenamiento se facilitó mediante charlas y videos que se enviaban por medio de uno de los ductos de unos 10 centímetros de diámetro, que llegaban hasta donde estaban los mineros, a 700 metros de profundidad.

DÍA 60

03 DE OCTUBRE DE 2010

Inminente salida del yacimiento

Día 60

Domingo 3 de Octubre de 2010

Ante la inminente salida del yacimiento, los familiares y vecinos preparaban festejos para recibir a los 33 mineros, también gestionaban un acto de agradecimiento en la mina a todos los que participaron de la operación rescate.

En la superficie todo el mundo se preparaba para recibir en grande a los mineros una vez que salieran del yacimiento.

"Vamos a cortar la calle y vamos a hacer un tremendo baile, porque los dos se lo merecen y porque los hemos esperado mucho tiempo"

Elena Avilés, que vive frente a dos de los mineros atrapados.

La música preferida en el barrio eran las canciones rancheras mexicanas, así es que los corridos serían el baile preferido de la enorme fiesta de bienvenida.

"A todos nos gustan los corridos mexicanos. Mi hijo Ariel es el que siempre me graba discos con esa música, así es que eso será lo que bailaremos",
María Yáñez, madre de Ariel

Pero también habrá tiempo para agradecer a todos los que participaron en las faenas de rescate. La idea se gestó entre los familiares, y se pretendía que días después de su rescate, los 33 mineros vuelvan al yacimiento cuando les den el alta para encabezar ese acto.

"Tiene que ser un agradecimiento a todos los que han estado con nosotros. Por respeto a ellos, a los que nos dieron fuerza cuando estábamos mal, les agradeceremos"

María Segovia, gestora de la iniciativa.

DÍA 61

04 DE OCTUBRE DE 2010

Estamos muy cerca de rescatarlos

Día 61

Lunes 4 de Octubre de 2010

El Presidente Sebastián Piñera esperaba que los 33 mineros atrapados fueran rescatados antes de su próximo viaje a Europa, programado inicialmente para el fin de semana del 16 y 17 de octubre.

"Estamos muy cerca de rescatarlos y yo espero poder rescatarlos antes de partir a Europa,

Estamos tratando de compatibilizar las dos agendas, porque vamos a Europa a cosas importantes (...) y obviamente que el viaje se va a ajustar al rescate, porque éste lo vamos a hacer lo antes posible"

En ese sentido, el jefe de Estado afirmó que para él "es muy importante compartir ese momento, no sólo con los 33 mineros, sino que también con sus familiares y con los chilenos".

"En cierta forma va a ser una noticia que va a llevar esperanza y alegría al mundo entero", añadió el gobernante, que en su gira por el Viejo Continente visitará las ciudades de Londres, Berlín y París.

DÍA 62

05 DE OCTUBRE DE 2010

Steve Jobs regala iPods a los 33 mineros

Día 62

Martes 5 de Octubre de 2010

No es un misterio que los 33 mineros atrapados en las profundidades de la Mina San José se transformaron en un fenómeno mundial.

Esto quedó demostrado por el interés que manifestó el fundador de Apple, Steve Jobs, quien aprovechó el encuentro que sostuvo hace algunas semanas con Sebastián Piñera, para regalar 33 iPods de última generación y así mejorar la calidad de vida de los 33 mineros.

El aporte fue gestionado por el embajador de Chile en Estados Unidos, Arturo Fermandois, quien fue el encargado de negociar la reunión que tuvo el Presidente Piñera con Jobs.

Aunque los iPods fueron despachados a territorio nacional, expertos del Ministerio de Salud y la Cancillería resolvieron que lo correcto sería que los trabajadores recibieran el regalo una vez que salieran de la mina, ya que los aparatos pueden producir aislamiento entre los atrapados.

POLICIA SE REFUERZA

La policía uniformada estaba a cargo de resguardar el orden y la seguridad en el yacimiento, y posiblemente también lo estaría en el rescate y traslado de los 33 trabajadores.

Dos helicópteros institucionales y el reforzamiento del número de funcionarios era lo que la policia chilena pondría a disposición de las autoridades, familiares y la prensa que llegaba hasta el yacimiento San José, con motivo del rescate.

En las últimas horas llegó hasta la mina el general Aquiles Blu, director nacional de Orden y Seguridad, con el fin de coordinar y planificar los servicios que realizarían los efectivos.

La policía uniformada estaría a cargo de resguardar el orden y la seguridad en el yacimiento, y posiblemente en el rescate y traslado de los 33 trabajadores atrapados a 700 metros de profundidad.

DÍA 63

06 DE OCTUBRE DE 2010

Mineros, ansiosos por rescate

Día 63

Miércoles 6 de Octubre de 2010

Habían pasado 63 días desde que quedaron atrapados y si todo marchaba según lo previsto, en 8 días volverían a la superficie.

La cercanía del día "D" estaba provocando lógica ansiedad entre los mineros, que lo manifestaban a sus familias y a sus amigos a través de sus cartas.

"Quiero que me saquen luego del hoyo", escribió Darío Segovia en una de las últimas misivas que envió a su amigo y colega Juan Ramírez. "Falta poco para salir. Al sondaje le faltan 200 metros para estar donde estamos nosotros. Todos los días le pedimos a Dios que salgamos luego", agregaba el escrito.

"Quieren salir pronto, porque están escuchando la máquina. Quieren juntarse con sus familias, es lo primero. Nos dicen que estemos tranquilos, porque tienen mucha fuerza"

Wilson Ávalos, tío de Renán y de Florencio

Tanta había sido la emoción que albergaba al grupo, que el minero y guía espiritual José Henríquez tuvo que redoblar las reuniones de oración a las 12 y 18 horas.

Sus prédicas fueron tan efectivas que dos de sus compañeros se con virtieron al credo evangélico.

"Aceptaron a Dios y se comprometieron con el Señor. Me ayudan a predicar y en la oración", aseguraba Henríquez en una de sus cartas.

En sus ansias por salir de la mina, los atrapados estaban con más ganas, porque estaban sintiendo el olor a sol. Estaban aburridos, como cuando uno espera mucho tiempo por algo. Querían divertirse, llevaban dos meses sin comer un pastel, sin tomarse una cerveza. Eso era muy duro.

"PLAN B" SUPERÓ LOS 500 METROS

El "Plan B" estaba avanzando a una velocidad de 2,5 metros por hora, lo que era un muy buen rendimiento.

Con este avance, el rescate de los mineros estaba muy cerca, ya que la meta de la T-130 era llegar hasta los 622 metros.

Según los cálculos, se esperaba que eso ocurriera el sábado siguiente, tras lo cual los expertos decidirían si se encamisa o no el pozo, lo que determinaría el plazo final del rescate.

DÍA 64

07 DE OCTUBRE DE 2010

Simulacro de rescate

Día 64

Jueves 7 de Octubre de 2010

El ministro de Salud, Jaime Mañalich, encabezó un ensayo de lo que sería el traslado de los 33 mineros desde la mina San José hasta el hospital de Copiapó, donde iniciarían su recuperación.

En el helicóptero Bell 412 de la Fuerza Aérea de Chile, encargado de llevar adelante el ensayo, los rescatistas simularon subir a la aeronave a un minero para luego realizar el vuelo hasta el hospital de Copiapó.

El helicóptero despegó desde el yacimiento San José con destino al regimiento de Infantería N° 23 de Copiapó, que queda frente al recinto asistencial que acogerá a los mineros luego de su salida del fondo de la mina.

El simulacro sirvió a las autoridades para determinar el tiempo y la coordinación entre los distintos involucrados en el rescate de los trabajadores.

Los mineros serían izados hasta la superficie vestidos con un buzo de rescate que tiene características impermeables, es liviano, y que solamente se lo pondrían para la tarea de izamiento.

Estaba preparada toda la logística, las ambulancias adecuadas y toda la ropa que utilizarían los minros el día del rescate.

PAPA BENEDICTO XVI RECIBIÓ BANDERA FIRMADA POR LOS 33 MINEROS

El Papa Benedicto XVI recibió una bandera chilena firmada por los 33 mineros atrapados. Tomó la bandera y la desplegó, recorrió las firmas con su mirada. Se puso muy feliz al ver las firmas de los mineros.

El Santo Padre preguntó si el Sábado los rescatarían y dijo que seguía rezando por los mineros.

DÍA 65

08 DE OCTUBRE DE 2010

Fecha del rescate sorprende y emociona

Día 65

Viernes 8 de Octubre de 2010

Ya era oficial: El rescate de los 33 mineros comenzaría el martes 12 de octubre.

El ministro de Salud, Jaime Mañalich, dijo que el "rompimiento" del Plan B se produciría el viernes y que se encamisaría sólo el primer tercio del ducto.

En la mañana se informaba que el Plan B alcanzó los 585 metros y se encontraba a sólo 40 de hacer contacto con los trabajadores.

La información fue muy bien recibida por los familiares de los mineros que reaccionaron emocionados al enterarse de que la salida de los trabajadores estaba cada vez más cerca.

Reconocieron que la noticia los sorprendió, debido a que esperaban que la fecha definitiva del rescate sólo fuera entregada una vez que la perforadora T-130 rompiera en el fondo de la mina, tal como lo habían señalado las autoridades durante esos días.

"Es una muy buena noticia, ya que estábamos todos a la expectativa de que rompieran primero (y luego se diera la fecha). Me imagino que van a romper como a las 3 de la tarde, cuando llegue la esposa del Presidente",

Lilianet Ramírez, esposa de Mario Gómez.

Jessica Yáñez, esposa de Estaban Rojas, dijo no tener palabras para describir el momento. *"Estoy muy feliz. No creí que (el recate) fuera tan luego. Supuestamente después del rompimiento se iban a demorar ocho días para sacarlos, pero si se adelantó estoy feliz"*.

Wilson Ávalos, tío de Renán y Florencio, decía que *"me sorprende la noticia. Para mí que ya rompieron, ojalá sea así y tengan todo planeado para la próxima semana, es una noticia muy alentadora para nosotros, porque hemos esperado tanto tiempo, pero hay que tomarlo con calma y tranquilidad"*.

Mientras que Alberto Segovia, hermano de Darío, dijo que *"me parece fantástico, nosotros estábamos esperando que rompieran hoy, es una alegría tremenda"*.

DÍA 66

09 DE OCTUBRE DE 2010

Fue emocionante, saltamos de alegría

Día 66

Sábado 9 de Octubre de 2010

Banderas en mano, brazos en alto, bocinazos, varios C H I y felicitaciones de parte del ministro de Minería, Laurence Golborne, y los familiares de los 33 mineros, que crearon un ambiente de alegría al interior de la mina San José minutos después del mediodía.

Era la salida triunfal de la máquina de repuesto y apoyo de la T-130, del plan B, y parte de los 28 trabajadores chilenos y cuatro estadounidenses de la empresa de sondajes mineros "Geotec Boyles Bros".

Las mujeres daban besos y abrazos a los trabajadores, en agradecimiento por haber trabajado incansablemente por los suyos entre 12 y 15 horas diarias, para poder alcanzar los casi 700 metros de profundidad, donde se encontraban los trabajadores atrapados.

"fue de mucha alegría, me dieron ganas de saltar. Fue difícil pero al final se logro el objetivo. Yo trabajo en Collahuasi y es un orgullo el haber venido y colaborado en esta situación difícil para ellos".

Cristián Barrera

Roberto Cornejo, experto en prevención de riesgos, y que estuvo 26 días en el yacimiento, planteó que el momento del rompimiento "fue emocionante, por haber logrado la meta después de tanto tiempo". En tanto, Javier Montiel soldador, dijo que en el momento en que la máquina rompió fondo "saltamos todos de alegría, porque fue una faena en que hubo momentos difíciles. Estamos muy alegres, feliz por la empresa por nosotros y por la gente que está abajo".

Uno de los cuatro estadounidenses que llegó a la mina San José era Jeffrey Roten de West Chester, originario de Pensilvania, quien trabajó en las emergencias mecánicas que fue presentando la maquinaria a medida que avanzaba el martillo. Él también coincidió en que el trabajo fue arduo debido a la dureza de la roca, pero aseguró que se sentía muy "afortunado" de haber trabajado durante las 33 jornadas que –coincidentemente- duró la perforación.

PRESIDENTE PIÑERA EUFÓRICO

La esposa del presidente Sebastián Piñera, Cecilia Morel, dijo que el mandatario chileno se comunicó con ella para expresarle su felicidad y emoción al saber la noticia de la llegada de la perforadora al taller donde están los 33 mineros.

"Me llamó eufórico, porque habían perforado y como a nosotros también nos habían avisado antes, estaba realmente con una alegría enorme y con pena de no poder venir todavía"

La Primera Dama estaba en la mina desde el día anteriorpara a apoyar a las familias de los mineros y realizar actividades para ayudarlos a controlar las emociones ante el inminente rescate, echando mano a su profesión de orientadora social.

DÍA 67

10 DE OCTUBRE DE 2010

Miedo y nerviosismo en recta final

Día 67

Domingo 10 de Octubre de 2010

Algunos de los 33 mineros atrapados están contentos pero temerosos de subirse a la cápsula que los llevará a la superficie desde el fondo de la mina, mientras que otros están más dispuestos a salir como sea.

En el caso del minero Darío Segovia "estaba muy contento, pero muy, muy nervioso", contó su hermano Alberto, después de hablar con él pocas horas después de que la perforadora alcanzara a los trabajadores.

"No quiere ser el primero, porque tiene miedo. Nadie quiere ser el primero. Imagínate subir 700 metros", explicaba su hermano.

Clarina Segovia, hermana del minero Víctor Segovia Rojas, dijo "Está muy feliz, pero tiene miedo de la cápsula. Se puso muy nervioso, de todas maneras, él sabe que es la única opción que tiene, así que si quiere salir, tendrá que salir así".

Víctor quiere seguir siendo minero. "Así le den toda la plata del mundo. Él dice que cuando se es minero, se es minero para siempre", contaba su hermana.

El minero Renán Ávalos Silva, de 29 años, estaba "muy, muy nervioso ahora", contó su medio hermano Juan González Silva. Lo único que piensa es en salir. Y dice que saldrá como sea".

Lo mismo pensaba su compañero Carlos Barrios, de 27 años. "Él quiere salir ya", contaba su tío Crisólogo Rojas. "Él no tiene miedo. Los 33 niños son fuertes. Sobrevivieron 17 días apenas con una lata de atún. Sobrevivir lo llevan en su ADN".

Estos relatos daban cuenta que los 33 mineros atrapados en el fondo de la mina San José estaba ansiosos por salir, pero en esos instantes finales también mostraron gestos de solidaridad y accedieron a ceder su turno en el orden de salida final.

Deberían subir en una cápsula de 53 cm de diámetro, en un trayecto que se extendería por unos 15 minutos, aunque toda la operación de salida tardaría cerca de una hora por cada uno de los mineros, se pensaba en ese momento.

FAMILIAS DE MINEROS MUERTOS EN MÉXICO DESEAN SUERTE

Los familiares de 65 mineros que murieron al interior de una mina mexicana enviaron una carta a Chile deseando suerte para la operación de rescate de los 33 mineros y lamentaron no haber recibido la misma ayuda de las autoridades de su país.

Los 65 trabajadores murieron en una explosión ocurrida en 2006 en la mina Pasta de Conchos, ubicada al norte de México, y ni siquiera han podido recuperar los cadáveres de sus seres queridos

En la carta, expresan a los familiares de los 33 mineros que "su situación es tan parecida a la que nosotros vivimos hace casi cinco años, de modo que el rescate de sus familiares queridos lo sentimos como el de nuestros mineros queridos".

Añaden que "le pedimos a Dios por cada uno de ustedes y que todo salga bien" en el rescate.

Destacan además la voluntad que ha habido en Chile para salvar a los trabajadores, lo que aseguran que no nunca ocurrió en el caso de ellos.

DON FRANCISCO HACE PROGRAMA EN VIVO

Cuando faltaba poco para que comenzara el rescate de los 33 mineros, seguían llegando personalidades a la mina San José.

El animador Mario Kreutzberger (Don Francisco), junto a un equipo de producción, acudió al yacimiento para realizar un programa en vivo en la noche y reunirse con los familiares.

Calificó el rescate en la mina San José como "un caso muy excepcional", y que no tenía parangón en la historia de las comunicaciones.

"No veía tantos periodistas acreditados desde el lanzamiento del Apollo XI. Es un orgullo lo que han hecho nuestros técnicos y es muy riesgoso lo que está pasando. A mí me llega por dos partes. Una porque hace mucho tiempo que no veía una cobertura tan grande para algo tan hermoso como es la lucha por la vida. Los chilenos todos estamos con el alma puesta en esto. Ha sido un año difícil. Hemos tenido que luchar mucho por ponernos de pie. Yo creo que este es un momento muy importante para nosotros"

Don Francisco

DÍA 68

11 DE OCTUBRE DE 2010

Lágrimas y caos

Día 68

Lunes 11 de Octubre de 2010

Otra escena llena de emociones se vivió en la mina San José con el retiro de la perforadora T-130, conocida también como el "Plan B". A las 11:30 horas la gigantesca máquina comenzó a ser movida de sus instalaciones con destino a Antofagasta.

Apenas los familiares y la prensa vieron que la máquina comenzaba a moverse, se abalanzaron sobre ella y sus operarios. Unos para darles las gracias y otros, para registrar el momento.

Se armó una improvisada caravana que encabezaban los ejecutivos de Geotec, empresa dueña de la perforadora. Pronto fueron acompañadas por María Segovia, una de los familiares de lo mineros más conocidas en estos dos meses de rescate, quien no pudo contener las lágrimas al ver la partida de la T-130.

Tanta batahola requirió la presencia de funcionarios de la policía, los que alejaban a periodistas y los curiosos que impedían el avance del vehículo que transportaba a la excavadora que hizo el ducto por donde se rescataría a los 33 mineros

Lágrimas y caos provocó partida de perforadora T-130 de la mina San José

CUANDO SALGA ME CONVERTIRÉ EN PANADERO

"Cuando salga me convertiré en panadero", "no hallo las horas de salir de aquí", "ojalá que no se vuelva a caer el cerro". Esos fueron algunos de los últimos mensajes que los 33 mineros atrapados entregaron a sus parientes por videoconferencia.

EMOCIONANTE APOYO DESDE NUEVA YORK

La comunidad chilena residente en Nueva York rindió un homenaje a los 33 mineros durante el tradicional desfile del Día de la Hispanidad. En la 5ª Avenida, al cruzar la Calle 53, desplegaron el famoso mensaje de los atrapados.

DÍA 69

12 DE OCTUBRE DE 2010

Expectación mundial por inminente rescate

Día 69

Martes 12 de Octubre de 2010

La historia de los 33 hombres se tomó desde un comienzo las portadas de los diarios más importantes de América y Europa. Y ese día no era la excepción.

A sólo horas de iniciarse el rescate de los 33 mineros atrapados en el yacimiento San José, tras permanecer 68 días bajo tierra, la noticia de la tragedia seguía dando la vuelta al mundo, tal cual lo hizo desde un comienzo, aunque en esta oportunidad con un tono de expectación.

Tres mil personas coparon el lugar, en su mayoría periodistas, todos con la certeza de que ya no faltan días para rescatar a los 33 mineros. Su retorno a la superficie, era cosa de horas.

Las faenas de rescate deberían iniciarse a las 20 horas, con el descenso de la cápsula de rescate "Fénix", que probaría el ducto sin tripulantes. Si no surgen problemas, luego podría descender el primer rescatista. En total serían cuatro los rescatistas en descender, los que llevarán medicamentos para tratar hasta infartos cardíacos.

La jornada completa fue de frenética actividad en la mina. A las 2 de la mañana, el proceso de encamisamiento del ducto mostró inconvenientes al tratar de introducir el décimo de los quince tubos de seis metros que se iban a instalar. Esto obligó a dejar el encamisado sólo en 54,58 metros de profundidad y asegurarlo con una plataforma metálica en la superficie. Un tercio menos de los 96 metros previstos en un inicio.

A las 5 de la mañana se hizo descender la cápsula a través de un improvisado sistema de izado que usó la misma T-130 que perforó el ducto. El resultado fue exitoso: la "Fénix" llegó a 610 metros sin problemas.

"Estamos totalmente preparados. Nos falta sólo traer al Dr. House", bromeó la doctora Lilian Devia, quien hará la primera revisión a los rescatados.

En un cálculo conservador, la cápsula tardaría 20 minutos en bajar, 20 minutos en prepararse y otros 15 en emerger. En total, 55 minutos por cada minero rescatado. Tras salir y ser chequeados médicamente, serían trasladados al Hospital Regional de Copiapó en helicópteros, en un trayecto que dura 8 a 10 minutos en el día y 12 en la noche.

Dos pantallas gigantes transmitirán el histórico rescate: Un

COPIAPÓ EMBANDERADO ESPERA A LOS MINEROS

"Estamos trabajando con las poblaciones de los mineros para cerrar las calles. Habrá fiestas grandes con música tropical, rancheras y harto vino"

Maglio Cicardini, alcalde de Copiapó

Ya estaba acordado que habría celebraciones en las poblaciones Paipote, Torreblanca, Til Til Bajo, Manuel Rodríguez y Juan Pablo II. La ciudad también se llenaría de color con banderas chilenas flameando en todas las casas y edificios, y también el emblema azul y amarillo de Atacama. Representa la valentía, coraje y fuerza de los copiapinos en 1850, cuando pidieron justicia para las regiones.

Todo el operativo de rescate se transmitirá en pantallas gigantes: una se instalará en la Plaza de Armas y otra en el Parque Schneider, junto al Hospital Regional San José del Carmen.

En las calles O'Higgins y Los Carrera se instalaron guirnaldas multicolores que se encenderán en las dos noches que los mineros permanecerán en el centro asistencial.

La policía tendrá a 350 efectivos resguardando el traslado desde la mina San José al centro asistencial. Otro grupo de uniformados cerrará el tránsito, la que se reabrirá a los vehículos una vez que concluya el operativo especial.

PRESIDENTE OBAMA ORA POR MINEROS

El presidente de Estados Unidos, Barack Obama, seguía atento el rescate de los 33 mineros.

"Mientras el salvataje está lejos de la conclusión y aún queda mucho trabajo por hacer, oramosr para que con la gracia de Dios los mineros puedan resurgir sanos y salvos y volver rápido a sus familias",

Nuestros pensamientos y nuestras oraciones están con ellos, sus familias y los hombres y mujeres que trabajaron tan duramente para salvarlos"

Barack Obama, Presidente de Estados Unidos

CON CANTOS Y UNA VIGILIA, SE ESPERABA LA JORNADA FINAL

Los cantos a Dios hicieron profundo eco en los alrededores del campamento Esperanza. Los familiares de los 33 mineros atrapados en la mina San José decidieron comenzar el día con una actitud optimista, aunque la tensión se respiraba, a la espera de la jornada de rescate.

"Han sido horas difíciles, estoy muy ansiosa de ver a mi papá y con ganas de abrazarlo", cuenta Romina (20), una de las cuatro hijas del minero Mario Gómez.

"Mi mamá está feliz y nos vamos a quedar en el campamento hasta que todos los mineros salgan". Esa actitud también se repetía entre los demás familiares que se paseaban ansiosos.

PRESIDENTE PIÑERA ENCABEZA OPERATIVO

El Presidente Sebastián Piñera llegó a la mina San José para presenciar las labores de rescate de los 33 mineros.

El Mandatario arribó a la mina luego ser trasladado en helicóptero desde Copiapó, ciudad a la que llegó poco después de las tres de la tarde tras ser trasladado en avión desde Santiago.

"hoy siento una profunda emoción, que es la misma que sienten todos los chilenos, y también siento una tremenda alegría, porque los chilenos dijimos que no nos rendiríamos, y cumplimos".

"ojala todas las campanas de todas las iglesias de Chile repliquen el rescate con fuera y con alegría".

"Espero que hoy sea un día de mucha alegría" , decía el Mandatario, quien sostuvo que espera que todos los chilenos aprendan de la experiencia vivida por los 33 mineros.

DÍA 70

13 DE OCTUBRE DE 2010

El día "D"

Día 70

Miércoles 13 de Octubre de 2010

Este fue el día que Chile conmovió al mundo al iniciar con éxito el mayor rescate en la historia de la minería, lo que parecía imposible. ¡Fue posible!

Eran las 23:55 horas cuando la cápsula de rescate Fénix 2 se despegó del suelo e inició su recorrido hacia la superficie. Más de mil millones de personas seguían el instante en directo por las cadenas de TV asentadas en terreno. Para Florencio Ávalos, el primero en salir, era el comienzo del fin de una odisea que había comenzado el 5 de agosto, cuando un derrumbe lo sepultó en la mina San José con otros 32 colegas, incluido su hermano Renán. Para las más de dos mil personas que lo esperaban en el campamento Esperanza, entre familiares, autoridades, rescatistas, técnicos y periodistas, el fin de una jornada marcada por la expectación.

Un ritmo frenético se apoderó del lugar, que se convirtió en el centro de atención de todo el planeta, conectado a la mina San José a través de 230 medios de comunicación, de los cuales 180 eran extranjeros.

INICIO DE LA OPERACION SAN LORENZO

En realidad el rescate se inició a las 23:19 del día Martes 12 de octubre, cuando el Presidente Piñera dijo: "Llegó la hora de la verdad", y el rescatista González se sumergió a bordo de la cápsula Fénix 2 oyendo los gritos de ánimo de sus compañeros. "¡¡Vamos, Manolo!!", fue, probablemente, lo último que escuchó al desaparecer por el ducto. Su viaje a las profundidades alivió a quienes seguían cada detalle en las cinco pantallas que se ubicaron en el campamento Esperanza. Minutos antes, durante las pruebas que se hicieron con la cápsula vacía, las dudas sobre el éxito de la operación habían recorrido el el planeta. Sobre todo cuando se mostró al rescatista Arturo Cofré dándole martillazos a la Fénix 2. El mundo estaba expectante... Los comentarios fluían sin cesar. ¿Algo falló? ¿Está todo bien? ¿esa demora es normal? .

La tensión se liberó en aplausos y "ceacheís" cuando las imágenes mostraron la tricolor cápsula Fénix, con su bandera chilena impresa sobre su puerta, asomando lentamente por el agujero que daba al taller donde estaban "los 33".

Gritos y rostros impresionados eran testigos de un momento histórico.

El minero subía ahora lentamente hacia la superficie, donde un silencio expectante y ojos atento lo esperaban. Finalmente, luego de 15 minutos de ascenso, la Fénix 2 se asomó por el pozo generando un estallido de emoción.

A las 00:12, Ávalos se convertía en el testimonio de que la Operación San Lorenzo era un éxito. "Bienvenido, nuevamente", fue la recepción que le dio el Presidente Piñera al primer rescatado de la jornada, seleccionado con pinzas por sus capacidades físicas, técnicas y psicológicas. "Orgulloso de ser chileno", le dijo el trabajador. Escuetas pero significativas, las palabras de Ávalos fueron interpretadas luego por el jefe de Estado como un símbolo de agradecimiento al país por una "hazaña" que "ojalá se mantenga en nuestra memoria y nos guíe en el futuro para siempre".

Mónica, la esposa de Florencio, y Bryan, su hijo menor, fueron los siguientes en abrazarlo y luego, en silencio, el primer minero rescatado se abría paso hacia la zona del control médico, bajo la mirada emocionada de todas las autoridades y rescatistas.

"Siento tranquilidad y satisfacción por un logro país.
Lloré, claro que me emocioné",

Laurence Golborne, Ministro de Minería

Tras 69 días de tensión, el equipo de rescate se abrazaba y entre nervios se preguntaba, bromeando, qué hacer ahora. El ministro, entre risas, sólo tuvo una frase: "Sacar a 32 más".

PIÑERA EN PRIMERA FILA

Durante todo el día, el Presidente de Chile, Sebastián Piñera sostuvo extensas conversaciones con familiares y rescatistas, acompañado por su esposa, Cecilia Morel, y sus colaboradores directos en el proceso: los ministros Laurence Golborne y Jaime Mañalich, los expertos André Sougarret y René Aguilar, la intendenta Ximena Matas y el asesor del Ministerio del Interior, Cristián Barra.

En el momento del rescate se ubicó a un costado del ducto para recibir a Florencio Ávalos, el primer minero en salir del yacimiento. Después de los saludos se dirigió a la prensa de todo el mundo para dar sus primeras impresiones.

"Nos comprometimos a buscar a los mineros, y hemos cumplido"
"Podemos sentirnos más orgullosos que nunca de ser chilenos",
"No había ninguna razón para no permitir que esta operación la vieran todos los ojos del mundo",
"Esta operación "no tiene parangón en la historia de la Humanidad"
"es una noche que el mundo entero nunca va a olvidar".
"Vamos a construir un memorial para que esta verdadera hazaña se mantenga en nuestra memoria y nos guíe para siempre".
"Un país que quiere ser desarrollado tiene que respetar a sus trabajadores. Esta mina no se va a volver a abrir hasta que se garantice la seguridad de la gente que trabaja en ella"

Sebastián Piñera, Presidente de Chile.

PRENSA MUNDIAL CELEBRA EL RESCATE

Júbilo mundial. Tras el histórico rescate del minero Florencio Ávalos, la prensa internacional celebró con algarabía el exitoso despliegue de la cápsula "Fenix II".

Todos los medios coincidieron en destacar la rapidez y la ausencia de contratiempos del recorrido que fue seguido minuto a minuto por cientos de millones de personas en todo el mundo.

EUFÓRICA SALIDA

"¡Viva Chile mierda!" Poco antes de que la "Fénix 2" emergiera por segunda vez de las entrañas de la mina San José, los gritos de Mario Sepúlveda ya se escuchaban en la superficie. El pozo de rescate devolvía al "hombre ancla" el que ofició como conductor de los videos grabados a 700 metros de profundidad y que asombró al mundo con su locuacidad y humor en medio de un encierro casi inimaginable.

Por lo mismo, la expectación ante su salida era grande. Y a diferencia del sereno rescate de Florencio Ávalos, el de "El Terry" fue digno de una transmisión que, se estima, llegó a mil millones de televidentes.

"¡Vamos, vamos!", animaba Sepúlveda a los rescatistas que lo izaban. Ya fuera de la jaula, y en medio de vítores, el minero se fundió en un abrazo con su esposa, Elvira Valdivia. Luego era el turno de las autoridades. Lo esperaban el Presidente y su esposa, los ministros de Minería y Salud y el jefe del rescate, André Sougarret, entre otros. Pero antes de saludarlos, "El Terry" volvió a sorprender. De un morral que trajo desde el fondo de la mina, extrajo unas piedras que regaló como recuerdo. Y tras los abrazos, corrió a las rejas de contención a saludar a sus amigos mineros. Eufórico, Sepúlveda los arengó con un ¡ceacheí!" que sobrecogió al propio Mandatario, que a duras penas pudo contener la emoción.

La espectacular salida del "hombre ancla" recorrió el mundo.

"Dios permitió todo esto"

Mario Sepúlveda, Padre.

OBAMA Y RESCATE

El Presidente estadounidense vio en directo el regreso a la superficie de Florencio Ávalos, el primero de los "33" en ser rescatado.

"Este rescate supone un tributo no solamente a la determinación de los rescatistas y del gobierno chileno, sino también a la unidad y la voluntad del pueblo chileno, que inspiró al mundo entero"

Barack Obama, Presidente de los Estados Unidos.

MISIÓN CUMPLIDA

Las sirenas y los cantos sonaron, globos con los colores patrios de Chile fueron soltados al aire, funcionarios se abrazaron y familiares corrieron a fundirse con el último de los sobrevivientes que abandonó el yacimiento, el jefe de la mina.

"Espero que esto nunca más vuelva a ocurrir", "Gracias a todos, gracias a todos los rescatistas, gracias a todo Chile", dijo el minero Luis Urzúa al marcar el fin.

Los trabajadores fueron rescatados en un operativo sin fallas y con un avance más rápido de lo esperado que puso broche de oro a la hazaña de supervivencia, seguida por millones de personas de todo el mundo en sus televisores, radios, prensa e internet.

"Recibo su turno y lo felicito porque cumplió con su deber saliendo a lo último como hace un buen capitán", dijo el presidente chileno, Sebastián Piñera, a Urzúa después de abrazarlo.

"Quiero delante de usted agradecerle a los miles y miles que trabajaron incansablemente para que ustedes estén acá con nosotros", agregó, entre aplausos y luego de dar el famoso grito de celebración en el país: "¡Viva Chile mierda!".

La odisea, que llenó de orgullo a los chilenos por el impecable operativo, tuvo un final feliz.

Era una misión imposible, sin embargo el mundo entero fue testigo de un milagro, "El Milagro de los 33".

33 CELEBRIDADES

DEL ANONIMATO A CELEBRIDADES DE CARACTER MUNDIAL

33 Celebridades

Del anonimato a celebridades de carácter mundial

Puede que la NASA, Steve Jobs, Pelé, el presidente Barack Obama, Isabel Allende, la ONU, David Villa, Alejandro Sanz y el Papa Benedicto XVI tengan poco en común, pero 33 desconocidos trabajadores atrapados en una pequeña y remota mina en el norte de Chile lograron unirlos en el apoyo y rezos para su rescate.

La atención mundial se volcó sobre ellos desde que a fines de agosto fueron contactados milagrosamente con vida a unos 700 metros de profundidad, donde un derrumbe los dejó bloqueados y donde sobrevivieron por más de dos meses a la espera de ser rescatados.

La evolución día a día de una inédita operación de perforación para llegar hasta los 32 chilenos y un boliviano, los detalles técnicos y los precarios videos desde el interior de la mina se convirtieron en una suerte de "reality show", que todo el globo siguió con devoción.

Del anonimato se convirtieron en celebridades.

El impacto de la tragedia rebasó las fronteras de Chile y no se hicieron esperar la avalancha de medios internacionales y manifestaciones de apoyo de famosos a nivel global.

Las llamadas "palomas", transportaron desde rosarios bendecidos por el máximo jerarca católico hasta camisetas autografiadas por futbolistas, como el histórico brasileño Pelé.

La respuesta de los mineros también fue particular: chistes de distintos tonos sobre su propia tragedia mostraron el optimismo de la treintena de hombres.

También muchos apuestan a que la tensa aventura de los operarios no podrá evitar llegar a librerías y pantallas de cine, donde los roles de los trabajadores serían interpretados por galanes de moda en una épica trama de suspenso.

PRESIONES

EL ACIERTO DEL PRESIDENTE

Presiones

El Acierto del presidente

El Domingo 15 de Agosto de 2010, el diario chileno El Mercurio publicaba un artículo que daba cuenta del difícil momento que vivió el mandatario, cuando las probabilidades de encontrar vivos a los mineros eran cada día mas bajas.

Los expertos estaban señalando que había un 2% de encontrar a los Mineros con vida. En medio de todas esas presiones el Presidente Sebastián Piñera mostró su verdadero liderazgo.

A continuación una trascripción de la noticia:

La opción del Presidente por involucrarse a fondo en la emergencia:

EL RIESGO QUE PIÑERA TOMÓ SOLO

Aunque se trataba de una mina privada, el Gobierno decidió asumir el control total -y por lo tanto la responsabilidad- de la crisis por el derrumbe que atrapó a 33 mineros en Copiapó.

Fue el Mandatario quien lo quiso así, pese a que la mayor parte de su gabinete prefería que el Ejecutivo mantuviera distancia frente a una situación que tenía pocas posibilidades de terminar bien.

El Gobierno se enteró del derrumbe en la mina San José el jueves 6 de agosto pocos minutos después de las 19:30 horas. Fue el subsecretario de Minería, Pablo Wagner, quien recibió la noticia y de inmediato se comunicó con el Vicepresidente Rodrigo Hinzpeter. A esa hora éste participaba de una conferencia telefónica con autoridades de Isla de Pascua.

La decisión de Hinzpeter fue enviar de inmediato al propio Wagner junto a la ministra del Trabajo, Camila Merino, al lugar del accidente. Lo mismo instruyó a la intendenta de Atacama, a los directivos de Sernageomin y de Codelco.

A las 22 horas del jueves ya se había constituido un equipo gubernamental en la zona, pero también se había abierto un debate al interior del gabinete que sólo zanjaría el propio Presidente Sebastián Piñera días más tarde.

La pregunta era: ¿debe el Gobierno involucrarse a fondo en una crisis ocurrida en una empresa privada, que acarreaba riesgos enormes y que podía terminar muy mal?

La mayor parte del gabinete opinaba que no.

Sin embargo, había matices. Quizás había espacio para ayudar sin tener que asumir una responsabilidad que no le correspondía al Gobierno. Así, dentro del piñerismo se discutieron distintos modelos. Uno consistía en asumir una actitud prescindente. Ofrecer ayuda material y técnica, pero monitoreando desde lejos la situación.

Un segundo camino consistía en asumir el control técnico de la situación, a través de los organismos estatales especializados en el tema, como Codelco y Sernageomin.

Una tercera opción era dejar que la propia empresa San Esteban, dueña del yacimiento, se hiciera cargo de las faenas de rescate y asumiera todas las responsabilidades de lo que ocurriese.

En este modelo, el Gobierno sólo acompañaría en la emergencia prestando apoyo humano a los familiares de los mineros y, junto a ellos, sería espectador del éxito o del fracaso de los operativos.

El cuarto escenario era hacerse cargo de todo: del aspecto técnico (el rescate) y del aspecto humano (el bienestar físico y psicológico de los familiares).

Para el sábado 7 ya estaba claro para todo el mundo que se había impuesto la última alternativa. Ese día ya estaba definido que el mando político de la emergencia in situ lo había asumido el ministro de Minería, Laurence Golborne, quien interrumpió la gira en la que acompañaba al Presidente Sebastián Piñera a Ecuador y a Colombia.

El mando técnico estaba en manos del gerente de mina de Codelco Andina, Andrés Sougarret. No obstante, en el Gobierno aún había voces que recomendaban hacer volver a los ministros a Santiago, dado que en el yacimiento ya se había logrado una organización razonable de las faenas.

Pero esa misma noche el Presidente Piñera llevaría las cosas a un punto que nadie en La Moneda previó... ni aconsejó.

El Jefe de Estado decidió interrumpir su visita a Colombia -donde asistía a la asunción del mando del Presidente Juan Manuel Santos- para dirigirse a la zona del accidente.

Antes de tomar el avión informó que quería reunirse con los familiares de los 33 mineros. Enterados de eso, los tres ministros que permanecían al borde de la mina decidieron trasladarse a Copiapó para allí sostener una reunión con el Mandatario, donde le informarían de los avances.

Las recomendaciones de los asesores de palacio eran que se evitara que el Presidente llegara hasta la mina, para no arriesgarlo a vivir una situación incómoda como la que sufrió la Presidenta Michelle Bachelet el año 2006 cuando visitó la zona en que un alud sepultó a nueve personas y recibió las quejas de quienes buscaban a sus familiares entre el lodo. Así, Laurence Golborne (Minería), Jaime Mañalich (Salud) y Camila Merino (Trabajo) viajaron los 45 kilómetros que separan la mina San José del aeropuerto Desierto de Atacama de Copiapó para recibir al Presidente.

Tras 25 minutos de reunión, Piñera decidió seguir hacia el yacimiento. Sus asesores trataron de disuadirlo señalándole que no existían las garantías de seguridad, que no había habido tiempo para que se desplazara la avanzada presidencial y que no se tenía certeza respecto de la reacción que tendrían los familiares. Pero todos los esfuerzos fueron en vano. El Presidente no sólo les planteó con tono enérgico a los ministros presentes esa noche en Copiapó, sino que también a los que hablaron por teléfono con él que esta vez no haría caso a los consejos. Iría esa noche a la mina y volvería cada vez que fuese necesario.

De hecho, esa misma noche se decidió que la primera dama, Cecilia Morel, se mantendría un par de días junto a los parientes de los trabajadores accidentados. Si bien la actitud del Presidente acalló las discusiones entre ministros y asesores que se debatían entre tener mayor o menor presencia en la crisis, la inquietud sobre el desenlace de la emergencia seguía vigente, toda vez que en esos momentos rondaba la incertidumbre.

¿Qué pasará si fracasan las tareas de rescate? ¿Y si se produce un nuevo accidente mientras están en marcha las faenas? ¿Y si la tarea se alarga por semanas o incluso meses?

Peor aún, los análisis de los expertos se han vuelto cada vez más pesimistas con el correr de los días.

El último informe oficial que se manejaba el viernes en La Moneda hablaba de un escaso 2% de posibilidades de rescatar con vida al menos a algunos de los mineros.

Los planteamientos más pesimistas indicaban que en no pocos accidentes de estas características nunca se había podido recuperar ni siquiera los cuerpos de los accidentados.

Como sea, quienes estuvieron con el Presidente esa semana le escucharon decir que cueste lo que cueste, y sin importar el tiempo que tome, el Gobierno debe asumir el compromiso de llegar a los mineros.

Para varios asesores de palacio, ésa también era una promesa muy riesgosa.

Pero, para bien o para mal, en este asunto dramático el Presidente decidió no escuchar a nadie.

El Presidente no sólo les planteó con tono enérgico a los ministros presentes esa noche en Copiapó, sino que también a los que hablaron por teléfono con él, que esta vez no haría caso a los consejos.

Iría esa noche a la mina y volvería cada vez que fuese necesario.

EL MINERO 34

DIOS ESTÁ CON NOSOTROS

El Minero 34

Dios está con Nosotros

El minero 34, tuvo gran relevancia en este espectacular episodio del Siglo XXI.

"No somos 33, somos 34. Dios está con nosotros"

Esta frase, que escribió en una de sus cartas Jimmy Sánchez, el minero más joven del grupo y que fue el quinto en salir a la superficie, presentó un elemento que asombró a las autoridades, los medios de comunicación y, principalmente, a los millones de personas que, en todo el mundo, vieron el operativo en directo a través de la televisión: la seguridad de que Dios estaba con ellos, les dio fortaleza y esperanza durante los 69 días que permanecieron atrapados en la mina.

Otra de las cartas de los 33 que llegó a sus familiares los días previos al rescate, aseguraba que "el número 34 estuvo con nosotros desde el principio".

Estos hechos, unidos a una serie de eventos y situaciones nos revelan que la fe jugó un papel muy importante en todo este proceso. Cristianos de Chile y el mundo, católicos, evangélicos, adventistas y de todas las vertientes se unían en cadenas de oración para orar por los 33 mineros atrapados.

La confianza de que Dios los acompañaba no sólo les animó desde el día de la tragedia, sino que transformó la vida de estos mineros y la de sus familias, cuentan las noticias cristianas que circulan en la red.

La noche del 12 de octubre la mina San José entró a la historia de Chile y el mundo. Florencio Ávalos fue el primero de los 33 mineros en subir al receptáculo e iniciar el ascenso, mientras que la familia de Ávalos oraba, entonaba cánticos de agradecimiento a Dios y leía la Biblia.

A las 23:19 emergía el Fenix II con Ávalos en su interior, que logró ver el cielo después de más de dos meses de encierro. La fotografía del minero apuntando al cielo y vistiendo una polera (t-shirt) en la que estaba inscrito "¡Gracias Señor!" le dio la vuelta al mundo.

Minutos después el presidente chileno, Sebastián Piñera, se dirigía a millones de personas en el mundo para agradecer por el éxito con el comenzaba el rescate.

"En primer lugar, agradecer a Dios porque sin Él esto no hubiera sido posible",

Presidente Piñera embargado por la emoción.

A los pocos minutos y al grito de "¡vamos, vamos, vamos!", Mario Sepúlveda de 40 años y el más popular de los 33 mineros, llegaba a la superficie. Después de la revisión médica, fue el único que aceptó realizar declaraciones a los medios.

"Estuve con Dios y con el diablo, pelearon y ganó Dios; me agarré de la mejor mano", aseguró el minero.

Antes de abrazar a su esposa, al salir de la cápsula que lo transportó a la superficie, Carlos Mamani, el minero boliviano que quedó atrapado en su primer día de trabajo en la mina, se arrodilló y dio gracias a Dios por mantenerlo con vida.

La historia de Mario Gómez, el mayor de todo el grupo y el noveno el salir, también es un relato de transformaciones. La televisión chilena mostraba al mundo la escena en la que Gómez, apenas pisó tierra, se puso de rodillas y dio gracias a Dios por el rescate. Unos minutos antes, su hermano Hugo comentaba "es otro hombre... está muy dedicado a Dios".

José Henriquez de 66 años que fue el número 24 en salir, se convirtió en el líder espiritual del grupo ya que, como reportaron los medios en todo el mundo, "se dedicó a consolar a sus compañeros con la palabra de Dios". Mientras esperaban por su salida, los familiares que lo esperaban en el centro minero no dejaron de confiar en el Creador. "Creo que el propósito era que escuchen la palabra de Dios", explicaba Hettiz, la esposa del minero que es miembro de la Iglesia pentecostal de Talca.

Después de 22horas y 35 minutos de rescate, al promediar las 22:00 hora chilena emergía Luis Urzúa el jefe del grupo quien lo primero que hizo al llegar a la superficie, fue dedicar una oración a Dios.

El esfuerzo de un país y sus autoridades, el coraje de un grupo de mineros que no se dio por vencido en ningún momento, sólo se compara con la fe que los acompañó durante los 69 días.

Las palabras del presidente chileno a Urzúa cuando el minero le entregó el turno minero al final del rescate, son un ejemplo de la confianza en el Creador.

"Agradecer a Dios que siempre estuvo con nosotros".

OCURRIERON COSAS ILÓGICAS EN EL RESCATE

Es una interesante declaración, del jefe del equipo de rescate, André Sougarret, quien dice que en el proceso de búsqueda de los 33 mineros, ocurrieron "cosas" que carecen de lógica desde el punto de vista de la ingeniería: "En los sondajes ocurrieron cosas que no tienen ninguna lógica ingenieril. Creo que 'algo' sucedió", dijo Sougarret en una entrevista que publicó el diario El Mercurio de Chile.

El "cerebro" de la Operación San Lorenzo, que concluyó con el exitoso retorno a la superficie de los 33 mineros que habían quedado bloqueados el 5 de agosto en el norte de Chile, señaló:

"No es una especie de milagro, porque la verdad es que estábamos planificados para que esto sucediera. Pero un ejemplo: nosotros pensábamos que el sondaje iba a tomar una dirección y se iba en otra que nos beneficiaba", explicó.

Sougarret, gerente de minas de la estatal Corporación del Cobre (Codelco) en el yacimiento de El Teniente, añadió que "eso ocurrió con el último (sondaje), que finalmente se convirtió en el Plan B", el cual logró el rescate de los 33 mineros.

"No teníamos mucha esperanza de que llegase, pero el sondaje rompió. Necesitábamos que se verticalizara y cambiara de dirección en el fondo y eso ocurrió en el último tramo, cuando era más difícil", dijo.

Agregó que el sondaje "cayó justo en una esquina de la galería. O sea estamos hablando de centímetros. Tuvimos suerte ahí (...) o ayuda", dijo.

Durante todo el proceso, la fe estuvo presente, aun en los momentos de mayor angustia, el propio Presidente dijo cuando las posibilidades eran cada vez más bajas:

"Hemos hecho lo humanamente posible, pero también quiero reconocer que no todo está en manos de los ingenieros, de los técnicos. Hay elementos que nosotros no controlamos y por tanto también estamos en manos de Dios".

Presidente Sebastián Piñera

"En ti están las profundidades de la tierra y las alturas de los montes son tuyas"

Salmos 95:4

Manufactured By: RR Donnelley
Breinigsville, PA USA
November, 2010